어느 화학 교수의 강의노트
❶ 물

어느 화학 교수의 강의노트 – ❶ 물

발행일	2022년 07월 15일			
지은이	김정균			
펴낸이	손형국			
펴낸곳	(주)북랩			
편집인	선일영		편집	정두철, 배진용, 김현아, 박준, 장하영
디자인	이현수, 김민하, 김영주, 안유경, 최성경		제작	박기성, 황동현, 구성우, 권태련
마케팅	김회란, 박진관			
출판등록	2004. 12. 1(제2012-000051호)			
주소	서울특별시 금천구 가산디지털 1로 168, 우림라이온스밸리 B동 B113~114호, C동 B101호			
홈페이지	www.book.co.kr			
전화번호	(02)2026-5777		팩스	(02)2026-5747

ISBN 979-11-6836-381-6 03430 (종이책)   979-11-6836-382-3 05430 (전자책)

(주)북랩 성공출판의 파트너

북랩 홈페이지와 패밀리 사이트에서 다양한 출판 솔루션을 만나 보세요!

홈페이지 book.co.kr • **블로그** blog.naver.com/essaybook • **출판문의** book@book.co.kr

작가 연락처 문의 ▸ ask.book.co.kr

작가 연락처는 개인정보이므로 북랩에서 알려드릴 수 없습니다.

과학은
사물에 대한
사고思考로부터
시작된다

A lecture
note of
a chemist

물의 신비를 미시세계와 거시세계로 해독하다

어느 화학 교수의
강의노트

김정균 지음

1 물

북랩

PROLOGUE

　많은 날이 우리를 버려두고 지나가 버렸습니다. 학교를 정년퇴임하고 다시 십 년이 가까이 흘렀으니 말입니다. 생각해 보면 학교에서 보낸 30년이라는 세월은 저에게는 가장 아름다웠던 시간이었습니다. 정들었던 교정을 떠나 이제 와 보니 다하지 못했던 아쉬움이 마음 깊은 곳으로부터 밀려옵니다. 제 생각이 담겨있던 추억의 바구니에는 아직도 푸석푸석해진 추억들이 담겨 있습니다. 그 푸석거리는 화석 속에 묻혀 있던 것들을 다시 더듬어 초롱초롱했던 아이들의 눈망울을 생각하며 저의 지난날의 노트를 정리해 보았습니다. 과거에도 부족했지만, 원고를 쓰다 보니 너무나 부족했습니다. 고치고 또 고쳐보았지만, 만신창이가 된 원고는 자꾸 제 생각에서 멀어져 갔습니다. 이를 정리하고 정성스럽게 교정해주신 동아대학교 국문학과 권경희 교수님께 진심어린 감사의 인사를 드립니다. 북랩 출판사에서 이 책의 출판에 혼신을 다해주신 김회란님에게도 사려 깊은 감사를 드립니다. 이 책이 완성될 때까지 옆에서 묵묵히 지켜봐 주고 말없이 기도해준 아내 은주 도미니카에게도 애정 어린 감사를 전합니다.

　　　　어느 화학 교수의 강의노트-1 물

만일 누가 "네 인생에서 화학이 무엇이었냐?"라고 묻는다면 저는 '설렘과 기다림'이라 답하겠습니다. 뛰어나게 아름다운 화학을 만들어 본 것도 아니고 세상이 알아주는 일을 해낸 것도 아닙니다. 그렇지만 저의 화학 인생은 항상 설렘과 기다림이었습니다. 그 길고 길었던 설렘의 시간은 밀물처럼 왔다가 다시 썰물같이 사라져버렸습니다. 자연과학을 공부하고 긴 시간이 흘렀지만 이제야 그 自然이라는 말을 이해할 것 같습니다. 세상이 나를 두고 스스로 질서를 찾아가니 말입니다.

2022. 유월 어느 날
해운대에서…

목차

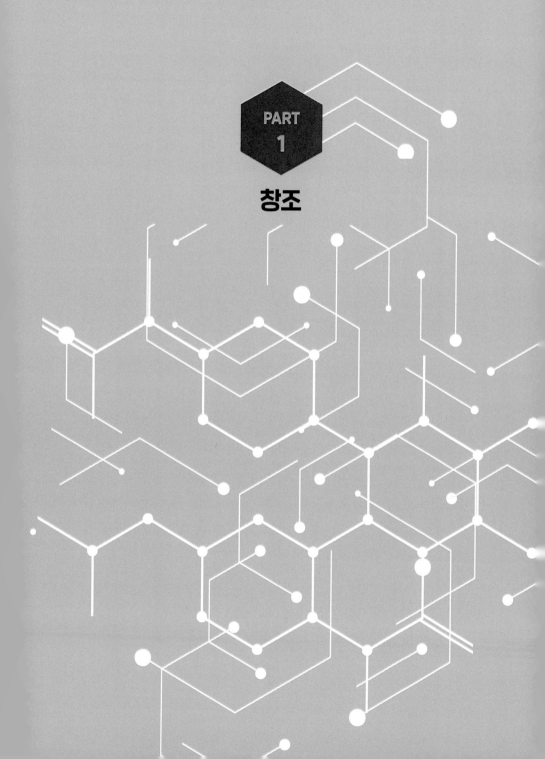

PART
1

창조

독창성과 정신적 유산

이 강좌는 생명을 잉태하여 품으로 안은 어머니 같은 존재로서 물의 형성과 작용 그리고 자연의 연계성을 살펴보는 것으로부터 시작하였다. 그렇다고 자연현상을 신화나 전설을 사실처럼 꾸민 옛이야기 같은 것에 빗대어 보고자 하는 것은 결코 아니다. 이 이야기는 과학이 먼저이고 그 속에 담긴 물과 과학의 관계를 비교적 쉽게 풀이해보고자 하는 생각에서 시작하였다. 과학이라면 약간은 거리를 두려는 독자를 위해서도 자연현상을 방정식이나 수식으로 표현하기보다는 되도록 일상의 언어로 설명하려고 노력하였다. 과학에 접근하는 길은 여러 가지가 있겠지만, 교과서적 일관성에서 탈출하여 유연한 방법으로 독자들의 생각을 그 속으로 불러와 양자(quantum)의 작은 세상과 거시세계(macro system)의 많은 과학적 사건들 속으로 보내 독자가 상상하고 있던 과학과의 연관성을 교환해 보려는 시도도 함께하였다.

과학은 사물에 대한 사고(思考)로부터 시작된다. 그 가운데 질적 수준이 가장 높은 것이 독창성(獨創性, originality)이다. 독창성이란 모방이나 어떤 관계에서 파생된 것이 아니라 식물이 새로운 세포를 만드는 것처럼 유기적인 관계로 발생하는 자발적인 것을 말하고 있다. 특히 과학 분야의 독창적 사고는 그것을 키우고 다듬는 과정이 과학발전의 표석이 될 수도 있다. 그 과정은 또 다른 진리를 만나 다듬어지고 가꾸어져 새로운 결과를 생산해 내는 끝없는 되먹임(feedback)의 과학정신이 살아 숨 쉬는 하나의 통로가 되기 때문이다. 원자력 시대의 선구자로 노벨상을 두 번씩이나 수상했던 퀴리(Maria Skłodowska-Curie, 1867~1934, 프랑스)는 이러한 과학정신을 '인간의 가장 가치 있는 정신적 유산'이라고 했다.

그녀는 방사성 물질에 대한 연구로 두 차례나 노벨상을 받았다. 그러나 자기가 연구하던 물질이 얼마나 위험한 것인지를 알지 못했던 것은 아니었을까? 그녀는 손이 오그라들고 뒤틀리는 증상이 방사능 때문이라는 것을 어렴풋이 깨달았지만 상관하지 않았다. 당시 연구자들의 전언에 의하면 그녀는 방사성 물질로 암을 치료할 수 있다는 확실한 믿음을 가지고 있었다고 한다. 그리고 자기 몸에 항상 피치블랜드(pitchblende)라는 방사성 광석을 지니고 다녔다. 결국 그녀는 어두운 곳에서 빛을 내며 사진 건판을 흐리게 하는 방사능에 노출되어 백혈병으로 산화해 버렸다.

그런데도 퀴리 부인이 후세에 존경받는 이유는 비단 연구에 대한 독창적이고 열정적인 연구 태도 때문만은 아니다. 과학을 위해 혼신을 바쳐온 그녀의 믿음과 집념은 몸을 사리지 않던 그녀의 온전한 정신이었다. 라듐(Radium)의 발견을 증명하기 위해 분리 작업을 맡은 그녀는 비가 새는 허름한 헛간과 같은 실험실에서 매일 피치블랜드라는 광석과 씨름했다. 그녀의 라듐(Ra, radium, 원자번호 88, 방사성 알칼리 금속) 추출을 위한 연구에는 새로운 방법이 적용되었고 연구에 대한 열정과 그 새로운 방법의 적용에 대해서는 후세대에 두고두고 회자되고 있다. 그녀는 3년 동안 하루에 20kg의 광석을 매일 분해하고 가공하여 겨우 0.1g의 라듐을 추출하는 데 성공했다. 그 당시 과학자에게 라듐 추출법의 발견은 큰 부를 얻을 수 있는 유혹이었다고 한다. 그러나 그녀는 그 모든 것을 버렸다. 그녀의 딸 이레네 퀴리(Irène Joliot-Curie, 1897~1956, 프랑스)는 훗날 이렇게 증언하였다. "부와 영예는 한순간의 영화이며 영원하지 않다.'라고 어머니는 늘 말씀하셨다." 그녀는 가난에 쫓기면서도 연구에 몰두하던 때가 가장 행복했다고 훗날 술회하기도 했다. 지금도 퀴리의 실험 노트에서는 강력한 방사능이 흘러나오고 있다. 백혈병으로 산화한 그녀는 왜 죽음을 앞두고까지 위대한 과학정신을 외쳐야 했을까? 아인슈타인은 그녀를 '명예 때문에 순수함을 잃지 않은 유일한 사람'이라고 했다.

과학정신은 과학자들만의 것이 아니다. 영국의 화가이자 시인인 윌리엄 블레이크(William Blake, 1757~1827, 영국)의 〈순수의 전조〉라는 시에서 "한 알의 모래에서 우주를 보고 한 송이 들꽃에서 천국을 본다. 그대의 손바닥에 무한을 쥐고 한순간 속에서 영원을 보라"라고 했다. 모래 한 알과 꽃 한 송이를 들여다보는 호기심에서 과학은 시작되었고 과학의 역사는 묻고 답하는 상상 속의 과정을 통해 발전해 왔다. 그것은 마치 창세기에 있었던 하느님과 인간의 첫 대화처럼 인간은 묻고 과학은 답하는 끝없는 되먹임의 결과로 발전할 수 있었다.

하느님은 인간에게 묻는다. "너 어디에 있느냐?" 인간은 "동산에서 당신의 소리를 듣고 제가 알몸이기 때문에 두려워 숨었습니다."라고 답한다. 그분께서 "네가 알몸이라고 누가 일러 주더냐? 내가 너에게 따 먹지 말라고 명령한 그 나무 열매를 네가 따 먹었느냐?" 하고 물으시자, 사람이 대답하였다. "당신께서 저와 함께 살라고 주신 여자가 그 나무 열매를 저에게 주기에 제가 먹었습니다." 주 하느님께서 여자에게 "너는 어찌하여 이런 일을 저질렀느냐?" 하고 물으시자, 여자가 대답하였다. "뱀이 저를 꾀어서 제가 따 먹었습니다."<창세기 3장 8절~12절>

하느님의 질문은 대단히 구체적이다. 그리고 인간의 대답에는 거짓과 꾸밈이 없다. 인간은 에덴동산에서 쫓겨나 광야를 헤매며 살아야 했다. 광야를 헤매던 무지한 시기에는 자연은 인간에게 경외의 대상이었지만 자연의 질서가 차츰 알려지기 시작한 후 인간은 그것을 극복해야 할 삶의 조건으로 바뀌어 버렸다. 그 바탕에는 이 묻고 답하는 하느님과 인간의 첫 대화가 있었다. 그 속에서 이 묻고 답하는 정직한 과학 정신이 싹트고 발달하게 되었다.

고대 그리스 시대부터 시작된 물에 대한 사변적 접근은 세상의 다양한 소리가 담겨 있다. 아주 오래된 사상가로부터 현세에 이르기까지 물은 인류에게는 삶에 필요한 네레우스(Nereus)의 영혼 같은 것이었다. 비교적 근세에 살았던 헤르만 헤세(Hermann Hesse, 1877~1962, 미국)도 "물은 생명의 소리요, 영원히 만물을 생성하는 소리다."라고 하였다. 모든 생명체가 물 속에서 태어나고 물과 함께 살다가 물과 탄산가스의 한 부분이 되어 사라지는 것은 모든 생명체의 피할 수 없는 숙명이다. 그 안에서 탄생과 사랑과 죽음은 그저 하나의 흐름일 뿐이다.

1.2

대폭발과 원자의 탄생

우주는 지금부터 138억 년 전 '모든 것에 앞선 최초에 상상할 수 없을 만큼 아름다운 불꽃놀이 같은 대폭발'로, 한 점에서 출발하였다는 빅뱅이론의 제안자는 벨기에의 사제이자 천문학자인 조르주 르메트르(Georges Lemaître, 1894~1966, 프랑스)였다. 그의 대폭발 이론은 처음에는 '원시 원자(primeval atom)의 가설'이라고 불렸고 나중에는 '세계의 시작'이라고도 했다. 그는 1927년에 우주의 팽창이 수학적으로 가능함을 보였고, 허블의 법칙을 유도해냈다. 그러나 관측을 통해 팽창의 증거를 실제로 확인한 것은 2년 뒤 허블이었다. 르메트르는 자신의 계산 결과를 더 정교하게 발전시켜 빅뱅이론을 제안하였다. 조지 가모브 역시 비슷한 아이디어를 제안했으나 대폭발은 오늘날 도시의 하늘에 펼쳐지는 아름다운 불꽃놀이 같은 감상적 작품으로 접근할 수 있는 것은 아니었다. 이 한 점의 폭발은 스스로 에너지의 한계를 견디지 못해 일어난 창조의 첫 순간이었으며 지금 우리가 사용하는 어떤 언어나 문자로 감히 표현할 수는 없는 대폭발(big bang)이었다.

그 순간 그 점이 감추고 있던 시간이 흐르기 시작했다. 공간도 생겨났다. 그 점의 무게 속에 감춰진 모든 것은 이제 막 생겨난 공간으로 퍼져나갔다. 이 폭발의 순간이 바로 시간의 시작이고 공간의 기원이며 우주의 탄생에 관한 과학자들의 생각이 머문 곳이다. 과거와 현재와 미래가 한 꿰미에 꿰어 운영되는 엔트로피는 드디어 미래를 향해 흐르는 시간 여행을 시작하였다.

생각을 다시 지금으로부터 138억 년 전으로 거슬러 올라가 보자. 그 이전의 과거는 아무것도 존재하지 않는 이른바 완전무(完全無)의 상태였다. 가장 작은 입자마저도 없는 상태, 이것이 우주였다. 빅뱅 이전의 상태를 '비어있는 곳(장소)'으로도 표현할 수 없는 것은 모든 것이 하나의 점에 갇혀있었기 때문이다. 그 이전은 공간도 시간도 아예 없었다. 완전무의 상태였기 때문이다.

공간도 시간도 없는 시공의 한 점에서부터 우주는 시작되었다. 우주의 탄생을 그리스도교는 창세기에 자신들의 교리로 세상의 시작을 알리고 있다. 그러나 우주의 탄생을 보는 과학자들의 생각은 더 구체적이다. 조르주 르메트르의 주장을 증명한 빅뱅의 창시자, 가모브(George Anthony Gamow, 1904~1968)와 그의 제자 앨퍼(Rhalph Asher Alpher, 1921~2007)는 대폭발을 이렇게 설명하고 있다.

150억 년 전의 일이다. 큰 밀도를 가진 한 작은 점이 있었다. 그 점의 밀도는 점점 커져갔다. 138억 년 전 그 작은 점은 그 한계를 견디지 못해 폭발하였다. 그리고 엄청난 속도로 퍼져나갔다. 드디어 공간이 생겨났다. 시간도 흐르기 시작하였다. 영(0)에서 출발한 엔트로피도 시간의 방향을 따라 흐르기 시작하였다. 시간이 역방향으로 흐르는 물리량을 택할 수 없는 것은 시작점이 있기 때문이다. 대폭발, 그 후 0.01초, 우주는 1,000억 캘빈이었다. 1.09초 후는 100억 캘빈 그리고, 3분이 지난 후에는 10억 캘빈이었다. 1백만 년이 지난 다음, 우주는 3천 캘빈이었다. 우주가 식어가면서 혼돈 속에서 미립자들이 나타났다. 전자가 생기고 핵이 생기고 광자가 생기고 중성자가 생겨 우주에 떠돌기 시작하였다. 우주가 더 식어 입자들이 모여 원자들이 만들어지고 다시 분해되는 연쇄 핵반응에서 하나의 핵과 하나의 전자로 만들어진 첫 작품이 수소 원자(H)였다. 우주가 다시 더 식자 수소 원자는 모여 수소분자(H_2)를 만들었고, 다시 분해해 원자상태로 돌아가는 평형이 우주에 혼재하고 있었다. $2H$(원자) $\rightleftarrows$ H_2(분자) 현재 주기율표에 있는 원소들은 대부분 이때 만들어진 것들이며 지구에 존재하는 원소들의 양은 대부분 그때 결정된 것들이다. 수소는 75%나 되는 많은 양으로 우주에 남겼다.

이것이 빅뱅에 의해 우주가 형성되었을 때 우주가 온도의 함수였다는 과학자들의 견해다. 그들의 주장에 따르면 우주가 형성되기 시작하던 초기의 조건은 높은 온도가 모든 물질을 가장 기본적인 것으로 분해시켜 버렸다. 가장 기본적 물질이란 양성자나 전자가 아니고 그 이

전의 것은 아니었을까? 우주의 시작점에는 시간과 공간 그리고 양자들(quanta)도 없었다. 어느 정도 시간이 흘러 우주에서 온도가 차츰 내려가기 시작하자 전자(electron), 양성자(proton), 중양성자(deuteron)와 같은 작은 입자들이 나타났다.

대폭발 후, 뜨거웠던 혼돈의 공간에서 열이 서서히 빠져나가고 우주가 꼴을 갖추기 시작하였다. 아무것도 존재하지 않던 공간에 전자와 핵이 생겨 나오고 이들이 모여 양자들의 세상이 시작되었다. 수소(H^+)와 헬륨(He_2)이 생겨 나와 분해와 합성이라는 우주를 움직일 맨 처음 창조주의 임무가 시작되었다. 혼돈의 공간에서 새로운 수학적 질서가 생겨나기 시작했고 새로운 물질들 사이로 빛과 열의 입자들이 흐르고 있었다. 이것이 과학이 상상하는 우주의 초기의 모습이다.

인류의 역사에서 인간이 우주를 어떻게 상상하였는지는 많은 이야기가 있지만, 현재 우리가 접근하는 우주는 물리학으로부터 구체적으로 시작되었다. 뉴턴의 역학은 우주의 시작에서부터 모든 가시적(visible)인 것에 대해 적용되었다. 그러나 아인슈타인의 역학은 허수(imaginary number)의 도움을 받은 복소수(complex number) 방정식에 의해서 해석된 수학으로 해결하고 있다. 현재는 뉴턴과 아인슈타인에 의해 제안된 등방성 전파(isotropic wave)가 우주의 모습을 구체적으로 설명하고 있다.

빅뱅 후 원시 우주는 광자(photon)와 뉴트리노(neutrino) 그리고 물질의 기원이 되는 양성자(proton)와 전자(electron), 중양성자(deuteron), 알파입자(α-particle)와 같은 원자 이전의 입자들이 뒤섞여 있었지만, 그들 사이에서는 이른바 혼돈(chaos)의 상태가 계속되었다. 왜냐하면 그때의 우주의 온도는 입자들이 상호작용을 용인하기에는 너무 높았기 때문이다. 그러나 우주가 점차 식어가자 입자들 사이에는 서서히 상호작용이 시작되었다. 그 상호작용에 의해 새로운 원소가 생겨 나오기 시작하였다. 수소, 헬륨, 베릴륨과 같은 가벼운 원소들이 먼저 생겨나고 서서히 그보다 무거운 원소들이 창조되기 시작하였다.

원자를 구성하는 기본입자는 한 개의 핵인 양성자(H^+)와 한 개의 양성자와 중성자로 이루어진 중양성자(HH^+)와 두 개의 양성자와 두 개의 중성자로 이루어진 알파입자(α-particle, $2He^{++}$) 그리고 전자(e^-)들이다. 이 4개의 입자가 만나고 섞여 우주를 구성하는 모든 원자가 만들어졌다. 전자와 나머지 셋은 서로 상대적이다. 셋은 양(+)의 성질을 그리고 전자는 음(-)의 성질을 가지고 있다.

이들이 왜 이런 상반된 성질을 가지고 우주에 나타났는지는 아무도 모른다. 그리고 이들의 탄생을 밝히는 것은 지금 우리가 논의하고 있는 주제를 한참이나 벗어나 있다. 그러나 이들이 만나 스스로 원자라는 양자세상의 생명체가 되었다. 거시세상에서는 호흡하고 움직여야 살아 있다고 한다. 하지만 미시세상의 모든 것은 살아있다. 진동하고 있기 때문이다. 그 진동은 멈추지 않는다. 그러기에 양자의 세상에는 죽음이란 없다. 죽음이 없는 이 세상은 모든 것을 진동이라는 움직임 속에 감추고 있다.

원자가 우주에 나타난 것은 빅뱅이 있은 다음 30만 년이 지났을 때의 일이다. 그때 우주의 온도는 거의 3천 켈빈까지 식었다. 그 온도는 지금 태양의 표면온도(5천8백 K)의 약 절반에 해당된다. 우주를 떠돌던 입자 중 가장 먼저 상호작용을 보인 것은 양성자와 전자였다. 이들이 만나 수소라는 최초의 원자가 되었다. 만남만으로 새로운 양자 세상의 생명체가 탄생한 것이다. 가장 간단한 두 가지 상반된 성질을 가진 입자가 만나 하나가 된 것이다. 이것이 수소(H)다. 그리고 전자 둘과 알파 입자가 만나 헬륨(He:)이 되었다.

원자가 안정화되기 위해서는 그보다 낮은 에너지 상태를 찾아가는 것이 일반적 현상이다. 그들의 작용은 분자를 만드는 것이다. 물론 완벽한 상태로 태어난 원소도 있다. 헬륨(He, Helium), 네온(Ne, Neon), 아르곤(Ar, Argon), 크립톤(Kr, Krypton), 크세논(Xe, Xenon)이 바로 그것들이다. 이들은 완벽하여 다른 원소들과 결합하지 않는다. 헬륨을 제외한 그들은 여덟 쌍둥이 전자들을 가지고 있다. 그들은 두 힘센 형과 여섯 명의 의좋은 형제로 구성되어 있다. 현재는 그들은 주기율표의 8족(장주기의 18족)에 속해 있다. 이들의 구성은 완전하다. 자연에 있는 모든 원소는 이 모습을 닮으려는 경향을 가지고 있다. 이것이 안정화의 최상급 모델인 8족 원소의 자랑이다.

여덟은 화학에서 매우 중요한 숫자로 완전함을 나타내고 있다. 그뿐 아니다. 모든 분자도 그 배열을 하려고 한다. 그래서 여덟이라는 숫자는 화학에서 기적의 숫자로 통한다. 그러면 여덟을 다시 분해해 보면 둘과 여섯으로 분리된다. 그렇다면 이것들이 가지는 전자들의 배향이 화학에서는 어떤 의미일까? 첫 번째 둘은 방향성이 없는 공간에 갇혀 있다. 세상의 모든 방향이 그들의 것이다. 그다음 여섯은 둘씩 모여 좌표에 올려두면 세 방향(Cartesian coordinate의 x, y, z-방향)으로 배향하여 입체를 구성한다. 이것이 물질을 구성하는 전자들이 가지는 가장 간단한 숫자적 해석이다. 따라서 방향성이 있는 둘이 모인 집단이 물질을 만들면 직선 구조를 가지게 되고 둘이 두 개 모이면 평면을 이루게 되며 세 개의 직선이 모이게 되면 입체적 구조를 가지게 된다. 우주를 이루는 모든 물질의 기본적 구성은 바로 이 여덟의 규칙을 따르고 있다.

수소가 왜 분자로 존재했을까?

　원시우주의 뜨거웠던 열기는 우주의 시간으로도 긴 시간을 거치며 점차 식어 현재의 우주는 2.7캘빈(K)까지 식어 버렸다. 우주의 현재 온도를 우리가 일상에서 쓰는 섭씨(℃)온도 단위로 환산하면 -270.45℃에 해당한다. 절대온도로 주어진 2.7캘빈이라는 온도가 얼마나 낮은 것인지는 지구상에서 가장 추운 남극기지에서 관측된 최저 기온인 -91.2℃와 비교해 보면, 지금의 우주는 지구가 경험한 가장 낮은 온도의 약 세 배가 되는 강도를 가지고 있다. 또 이것은 두말할 것도 없이 절대영도 (0 kelvin(K); -273.15℃)에 가까이 있다.

　절대영도는 열역학적으로 계산된 최저의 온도를 말한다. 불확정성원리(uncertain principle)에 의하면 에너지가 확정된 계는 시간의 불확정성은 무한대이다. 따라서 절대영도에 놓인 계는 에너지가 절대영도(0K)로 확정된 상태이므로 그 온도에 도달하려면 무한의 시간이 필요하게 된다. 영겁의 시간이 흐른 다음에도 절대영도에는 도달할 수 없다는 것이 열역학 제3법칙이다. 그 깊은 의미야 잘 이해할 수 없을 수도 있지만, 온도의 하한선에는 도달할 수 없다는 것이 우주의 질서다.

정성적으로 살펴보자. 우리가 중학교 때 배웠던 이상기체상태방정식 $PV=nRT$에서 온도(T)와 부피(V)의 관계를 다시 들여다보면 기체의 부피는 냉각되면 줄어든다는 이 법칙에서 아무리 가벼운 기체라도 절대온도까지 냉각되면 부피가 없어지는 점까지 외삽법에 의해 나아갈 수 있다. 그러나 그 점에서는 부피가 제로가 되는 것은 모순이다. 불가능한 일이다. 모든 운동이 정지되는 절대영도에 도달한다면 물질은 어떻게 될까? 부피가 제로가 되어야 한다. 이것은 모순이다. 현재 우주는 2.7캘빈으로 초기우주에서 행해지던 모든 변화가 거의 정지된 상태에 있다. 최신의 기술로 절대영도 가까이 까지 접근할 수 있는 온도를 만들 수는 있다. 그러나 그 점에는 도달할 수 없다. 부피가 제로가 될 수는 없기 때문이다.

그러면 "수소는 왜 분자로 존재해야 하는가?"라는 질문에 "수소는 완벽하지 못한 원소다."라고 답변한다면, 그에 대한 보충적 설명이 필요하다. 여기서 완벽하지 못하다는 것은 혼자 존재할 수 없는 상태라는 것이다. 수소는 안정화를 위해 우주에서 여러 가지 원소를 생산해 내는 핵융합에 꼭 필요한 기본적 요소를 제공하고 있다. 수소(H·)와 헬륨 (He:)이 합하여 리튬(Li:., Lithium)이 되고 다시 리튬과 수소가 합하여 베릴륨(Be::, Beryllium)이 되는 핵융합을 하는 전(全) 과정과 주기율표 상의 모든 원소가 만들어지는 과정에 참여한 원자로 수소는 원자들의 어머니 같은 존재다. 가모브는 우주에서 수소 원자가 10개 만들어질 동안 헬륨원자는 1개가 만들어졌다는 자신들의 계산 결과를 제시하였다. 이것은 현재 우주가 90%의 수소와 9%의 헬륨으로 이루어졌다는 관측 결과와도 일치하고 있다. 이로써 가모브가 제시한 빅뱅 모델은 그동안 우주의 기원에 대한 사변적 사고에서 벗어나 과학적인 증거를 제시한 위대한 발견으로 발돋움하게 되었다.

　이제 우주는 혼돈의 시기를 지나 새롭게 태어난 수소와 헬륨 입자들의 세상이 되었다. 초기에 형성된 원자들의 구성비는 그 양으로 보면 가벼운 수소 원자가 92%를 차지하였으며 헬륨이 8%였다. 수소분자(H_2)와 헬륨(He)은 같은 질량을 가진 화학종이다. 그러나 그들 중 수소는 2개의 핵을 가진 분자(H:H)이고 헬륨(He:)은 1개의 핵으로 이루어진 원자다. 그러나 수소 원자가 만들어지던 시기에 "수소가 왜 분자로 존재했을까?"라는 질문에 답하기는 쉽지 않다. 아마도 우주에는 수소 원자와 분자가 어지럽게 섞여 있었을 것이다($H_2 \rightleftarrows 2H$). 우주가 탄생하고 나서 오랜 세월이 지나가며 식어가는 동안 수소는 핵융합에 의해 다른 원소들을 차례로 만들었다. 그 과정으로 현재의 우주를 구성하는 원소의 구성비가 조성되었고 수소와 헬륨이 나타난 다음 우주에는 다양한 원소들이 생겨났다. 이 융합 과정은 지극히 자연스러운 현상으로 우주에 흩어져 있던 입자들이 그때의 온도에서 안정화될 수 있는 가장 적절한 원소들을 생산해냈다고 볼 수 있다.

1.4

우주배경복사

우주의 탄생을 연구하는 것은 그것을 증명할 수 있는 증거들이 부족하기 때문에 어려운 과제에 속한다. 따라서 오늘날까지도 은하를 포함한 우주의 삼라만상이 어떻게 형성되었는지 완전히 파악된 것은 아니다. 대폭발 이론이 지금의 우리에게 설득력 있게 다가오고 있는 것은 과학적으로 추론되던 여러 가지 문제들이 하나씩 하나씩 퍼즐을 맞추듯 자리를 잡아가고 있기 때문이다. 우주의 탄생에 관한 연구는 성경의 기록처럼 매우 단순하고 체계적이었을지도 모른다. 성경에서 그 첫 번째 창조는 빛이었다. 그리고 순서대로 궁창, 즉 공간이었으며 그 안에 생명체가 살게 됐다고 기록하고 있다. 그 진행 방법은 사변적이지만 과학이 말하는 방향과 다를 바가 없다. 그러나 과학이 이를 수용하기에는 상당한 괴리가 있다. 적어도 과학은 진흙으로 우리의 조상을 만들지 않았다는 것 정도는 알고 있기 때문이다. 생명체는 긴 세월을 지나며 우주에서 날아온 진흙 덩이 속에 박혀 있던 박테리아가 진화했을 가능성을 우리는 추적하고 있다. 그뿐 아니라 생명이 지구에서 자생적으로 발생했다는 학설도 교과서에는 오랫동안 기록되어 있었다. 그 진화 과정의 정점에서 인간은 항상 다음 세대를 향해 새로운 것이 밝혀지길 바라며 살고 있다.

빅뱅 이론을 설명하는 몇 가지 실험적 결과는 이 길고 난해한 우주의 과거 행적을 대폭발 이론에 머물게 하는 데 크게 기여하였다. 그 첫 번째 증거가 하늘의 모든 방향에서 들려오는 4,080㎒의 등방성 전파(isotropic wave)다. 이 태초의 전파(빛)는 아직도 우주를 떠돌고 있다. 오늘날에도 우주에서 지구를 향해 날아오는 빛 중에도 이 태초의 소리가 섞여 있다. 따라서 이것은 우주에서 들을 수 있는 가장 오래된 소리다. 이것은 또 우주에서 일어났던 이 대폭발이 우주의 배경복사(cosmic background radiation)로 구체화 될 수 있다는 것을 설명해주는 확실한 증거가 되고 있다. 이것은 태양계 바깥에서 끝없이 들려오는 초단파 잡음으로 빅뱅의 잔영이다. 이 등방성 전파의 특성 파장은 우주의 어느 곳에서나 들을 수 있다. 이 등방성 전파의 탐지는 미항공우주국(NASA)에서 쏘아 올린 우주배경복사 탐지선 COBE(Cosmic Microwave Background Explorer)에 의해서도 검증된 바 있다.

빅뱅 이론의 또 다른 증거는 흑체복사(black body radiation)이론이다. 절대온도의 0캘빈(K) 이상의 모든 물체는 크고 작은 복사선을 방출하고 있다. 그 복사선은 온도에 따라 특정 파장에서 최고의 세기를 갖고 있다. 이것은 물리계에서는 오래전부터 이미 알려진 사실이다. 그런데 이 초단

파 잡음이 현재 우주의 온도(2.725K)에서 흑체복사 스펙트럼과 일치하고 있다는 것이다. 이러한 특징은 또 가모브가 빅뱅 이론에서 주장한 우주배경복사의 특성 파장인 4.080㎒의 등방성 전파와도 일치하고 있다. 이와 같은 몇 가지 실험적으로 증명할 수 있는 결과만으로도 가모브의 대폭발 이론은 우주의 탄생을 설명할 수 있는 가장 큰 증거를 가진 방법으로 등장하였다.

수소의 진화

보어(Niels Bohr, 1885~1962, 덴마크)와 슈뢰딩거(Erwin Schrödinger, 1887~1961, 오스트리아)가 연구모델로 삼았던 수소를 과학에서는 가장 단순하면서도 완벽한 원자라고 부르고 있다. 그러나 하나의 핵과 하나의 전자만으로 구성된 이 작은 원자는 아직도 감추고 있는 비밀이 너무나 많다. 그리고 그 비밀들은 시차를 두고 조금씩 세상에 알려져 왔다. 전자를 내놓고 핵을 내놓고 하는 그들의 설명방식은 일련의 연속적 과정이라고 할 수 있다. 과거로부터 이어져 발견된 과학의 편린들이 이를 증명하고 있다.

원시지구에서 수소는 진화하여 더 무거운 원자(atom)를 만들었다. 이것은 우주가 냉각되면서 순차적으로 일어난 사건 중의 하나였다. 왜냐하면 수소만 존재하던 때의 우주의 온도는 수소보다 더 무거운 원자들이 존재하기에는 적당한 조건이 되지 못했다. 따라서 우주가 식어

가는 초기에 형성된 수소는 지금도 우주에 흩어진 가장 흔한 원자로 남아 있다. 리그던(John S. Rigden)은 그의 저서 『수소로 읽는 현대과학사』에서 다음과 같이 말하고 있다. "수소는 지구를 비롯한 행성들 그리고 태양과 은하들이 형성되기 전에, 산소와 나트륨 그리고 금이나 은과 같은 원소들이 탄생하기 전부터 이미 우주를 구성하는 원소로서 자신의 임무를 수행하고 있었다."(5.1 참고)

우주를 구성하는 성분들의 간단한 구성비는 우주를 떠도는 항성 중 태양에 그대로 적용되어 있다. 지금도 태양의 내부에서는 수소와 헬륨의 구성비가 10대 1로 매초 6억 톤의 수소가 헬륨으로 변하는 핵반응이 일어나 여기서 생성된 에너지에 의해 태양 표면의 온도가 5천8백 캘빈(K)으로 유지되고 있다. 우리가 살고있는 지구는 태양으로부터 1억 5천만㎞나 떨어져 있지만, 태양에너지는 지구상에서 살아가는 모든 생명체의 활동에 꼭 필요한 에너지원이다. 이 에너지가 바로 물의 원소 수소의 핵반응에 의해 우리에게까지 전달되고 있다.

별들이 생겨나던 초기의 우주에서는 수소 원자로부터 핵융합 과정을 경유해 여러 가지 무거운 원소들이 차례로 만들어졌다. 이것은 자연에 존재하는 원자들을 원자번호 순으로 배열했을 경우 짝수 번호를 가진 원자들이 홀수 번호를 가진 원자보다 더 많이 존재한다는 것에 근거하고 있다. 이 융합과정은 홀수 번호를 가진 원자들은 홀수 개의 양성자를 가진 홀수 번호의 원자가 짝수 번호를 가진 원자와 만났을 때만 가능하지만, 짝수 원자번호를 가진 원소는 홀수와 홀수 그리고 짝수와 짝수가 만나도 형성될 수 있었기 때문이다. 짝수 번호를 가진 원자가 생산될 수 있는 가능성이 홀수 원자번호를 가진 원자보다 그 경우의 수가 두 배가 된다는 것에 공감하게 된다. 이 현상은 실제로 존재하는 86개의 원자에서 모두 나타나고 있다. 짝수의 원자번호를 가진 원자가 이웃해 있는 홀수의 원자번호를 갖는 원자보다 더 많이 자연에 존재하고 있다.

현재까지 알려진 원소는 118개이며 자연에 존재하는 86개를 제외하면 32개의 원소는 근세로부터 현재까지 인위적 방법에 의해서 그 존재가 확인된 원자들이다. 그리고 그 숫자는 계속 증가하여 주기율표의 빈자리를 채워갈 것이다. 원자를 만드는 인위적인 방법은 원자의 분열과 융합에 의해 지금까지 존재하지 않던 새로운 원자의 핵을 만드는 핵반응에 해당된다. 이 과정은 여러 개의 원자가 깨어지고 다시 조합하여 새로운 성질을 가진 원자를 만드는 과정으로 진행되며 개개의 입자들이 가지고 있던 에너지가 방출되고 서로 융합하여 새로운 원자가 탄생되지만 이렇게 만들어진 원자는 불안전하여 자연 상태에서는 발견되는 일은 없다. 오직 과학자들의 실험실에서 그것도 매우 짧은 순간에만 대부분 존재한다. 이렇게 탄생한 새로운 원자는 새로운 질서를 창조하는 우주를 구성하는 일원이 된다.

이 원자들이 형성되는 과정에서 만들어진 힘은 지금부터 138억 년 전부터 우주가 형성되는 과정에서 발생한 에너지와 같은 형태로 지구라는 좁은 공간에서 나타나기 때문에 가공할 능력을 지니고 있다. 아인슈타인의 에너지 방정식($E=mc^2$)을 경유해 생산되는 이 가공할 에너지는 원자들이 깨지고 합성되는 과정에서 원자의 깊은 곳에 담겨 있어야 할 에너지가 시스템을 빠져나오면서 발생되는 것으로, 관리되지 않으면 재앙으로 연결되는 매우 위험한 에너지를 말한다. 에너지가 질량의 함수가 되는 과정에서 빛의 속도의 제곱이 첨가되면 가공할 크기의 에너지가 생산되기 때문이다.

원자는 파동으로 움직이는 영원한 양자세상의 생명체다. 원자는 전자와 양성자라는 상반된 힘이 지배하는 균형 잡힌 입자로 무게중심은 핵에 있고 전자는 파동으로 흐르는 없어지지 않는 영원한 에너지를 가지고 있다. 이것은 원자가 태어날 때 창조주께서 그들에게 준 재산이다.

핵융합에 의한 원소들의 탄생은 수소의 탄생과는 다른 과정을 경유하고 있다. 수소는 우주가 식어가면서 상대적 힘을 가진 두 입자가 행한 자발적 현상으로 만들어졌다. 자연에 존재하는 86개의 원자 중에서 수소와 헬륨을 제외한 84개의 원자는 모두 핵융합에 의해 창조된 원소들이다. 현재까지 공인된 원자의 수는 118개다. 원자들은 그들이 다른 원소와 상호작용에 의해 융합을 일으킬 수 있는 조건에 이르자 매우 다양한 방법으로 원자량이 작은 것부터 큰 것에 이르기까지 점진적으로 합성(융합)되기 시작하였다. 이들의 합성은 수소와 헬륨이 만나 리튬(Li)을 만들고 수소와 리튬이 만나 베릴륨(Be)을 만드는 순차적 과정으로 진행되었다. 이들의 융합과정과 방법은 정해진 일정한 과정이 아니라 여러 경로를 택하여 진행되었다.

우주에 있던 원소들은 서로 화합하여 화합물의 먼지구름을 만들었다. 여기서 화합이란 화학반응을 의미하는 것으로서 원자와 원자가 만나 핵융합을 이루는 대신 각각의 원소들이 가진 핵의 구성은 그대로 두고 전자들만의 이동으로 분자를 만드는 현상을 말한다. 아마도 그 당시 이 과정에는 핵반응과 화학반응이 어지럽게 섞여 있었을 것으로 추정하고 있다. 뚜렷하게 서로 다른 길이지만 어느 한 곳에서는 핵융합이 일어나 새로운 원자가 탄생하는가 하면 어느 한쪽에서는 고온에서 일어날 수 있는 무기화학반응이 일어나 우주먼지를 만들었을 것이다. 우주에 흩어져 있던 이 먼지구름이 모여 모래알 같은 입자가 되고, 이들이 모여 다시 돌을 만들고 만류인력에 의해 더 큰 유성들을 만들었으며, 이들이 모여 별들이 탄생하였다. 이렇게 지구가 탄생한 것은 지금으로부터 45억 년 전의 일이었다. 빅뱅으로 우주가 생겨난 후 93억 년이 흐른 다음이었다. 이 새로운 별에 생명체가 등장한 것은 35~7억 년 전이다. 생명의 탄생도 지구가 생겨나고 7~10억 년을 지난 다음에야 가능했다. 우주의 역사는 그들의 시간으로도 기나긴 기다림의 연속이다.

1.6

정상상태이론

　지금도 여전히 여러 가지 논란에 휩싸여 있는 대폭발 이론은 끊임없이 도전을 받아 왔다. 그 첫 번째 도전이 정상상태이론(steady state theory)이었다. 정상상태이론은 빅뱅이론과 정반대되는 주장으로 오랫동안 빅뱅이론과 쌍벽을 이루는 논지를 유지하고 있었다. 빅뱅이론은 우주는 시작점으로부터 출발하여 진화의 과정을 경유하여 오늘에 이르렀다고 했다. 그러나 정상상태이론은 우주는 언제 어느 곳에서 관측하더라도 항상 일정하다는 이론이다. 우주는 진화하지 않고 변하지 않는다는 이론이다. 그러나 두 이론이 불꽃 튀는 경쟁을 하던 중 1993년 퀘이사(quasar; 준항성체)가 발견되었다. 이로 인해 정상상태를 주장하던 이론은 정면으로 도전을 받았다. 여기에서 말하는 퀘이사는 은하 전체의 에너지와 맞먹는 엄청난 양의 에너지를 가진 별로 그로부터 온 빛이 적색편이(red shift)를 보이는 특징을 가지고 있었다. 적색편이가 나타내는 빛의 파장은 원래의 파장보다 길어 보인다. 이 현상은 빛이 전파되고 있는 공간 자체가 팽창하고 있는 곳에서만 일어나는 현상이다. 이 적색편이 현상이 일어나는 것은 퀘이사가 빠른 속도로 우주에서 멀어지고 있다는 것을 의미하며 이 이론은 정상상태이론에 정면으로 배치된다는 것이다. 퀘이사가 멀어지고 있다는 것은 우주가 빠른 속도로 팽창하고 있다는 것을 의미하고 있기 때문이다. 이 발견은 정상상태이론을 과학자들의 관심에서 멀어지게 하였다.

1.7

분자의 탄생

우주의 온도가 점점 내려가자 원자들은 긴 시간 동안 끝없이 해오던 핵분열과 핵융합이 점진적으로 사라져 버렸다. 상상해보면 핵분열과 핵융합이 멈춰가던 우주는 어쩌면 불꽃놀이의 마지막을 알리는 신호처럼 간간이 터지다 어느 한 점에서 멈춰버린 공간처럼 고요했을 것이다. '모든 것에 앞선 최초에 상상할 수 없을 만큼 아름다운 불꽃놀이'라는 조르주 르메트르(Georges Lemaître)의 표현은 광활한 우주의 어느 한 부분에서 일어나는 핵들의 반응이 그 크기에 비해 공간이 너무 크기 때문이었을 것이다. 우주의 불꽃놀이는 차츰차츰 사라져 버리고 우주는 다시 정적 속으로 빨려 들어갔다.

그러나 우주는 그 변화를 멈추지 않았다. 우주는 다시 진화하기 시작하였다. 그들이 내놓은 우주를 운영할 새로운 설계도는 분자였다. 우주가 탄생하여 시작된 핵 중심의 시기에는 작은 원자에서부터 큰 원자에 이르기까지 계를 지배하던 엔트로피는 증가하는 여정을 멈추지 않았다. 그러나 핵반응의 정지는 엔트로피가 증가하는 속도를 감소시켰다. 우주는 점차 감소해가는 엔트로피의 속도에 영향을 주는 움직이지 못하는 핵의 활동을 제한해 버렸다. 핵은 더 이상 커지거나 분해될 수 없었다. 그리고 핵의 주위를 싸고 있던 병정들을 이용하여 쿠데타를 시도하였다. 이른바 핵의 세상에서 그 중심이 전자 중심으로 옮겨 버린 것이다.

원자들은 외부로부터 어떤 물리적 압력이 가해져도 그들만의 방법으로만 행동한다. 물리력의 영향을 받지 않는다. 원자들이 가진 이 '영원한 에너지'는 물리력에 의해 운영되는 거시(macro)세상의 질서로는 설명할 수가 없다. 여기서 말하는 영원한 에너지란 원자 하나하나가 만들어지는 과정에서 부여된 것으로 양자역학에 의해서만 통제되는 에너지다. 이들은 처음과 끝이 같다. 죽음이 없는 영원한 것이다. 그 힘은 원자의 종류나 크기에 따라 모두 다르며 수소 원자는 수소가 가질 수 있는 에너지 그 이상도 그 이하도 소유하지 않는다. 그것은 수소가 가지고 있는 전자의 파동에너지가 수소만이 가질 수 있는 특별한 에너지로 표현되기 때문이다. 우리는 딱 그 에너지만을 가진 물질을 수소라고 정의한다. 헬륨은 헬륨만이 가질 수 있는 에너지를 가지고 있기 때문에 우리는 그것을 헬륨이라고 부르는 것과 같이 이 규칙은 자연에 존재하는 모든 원자에 적용되고 있다. 그래서 지금까지 발견된 118가지 원자들은 모두 그들만이 가질 수 있는 고유한 에너지 코드를 가지고 있어 원자 하나하나가 식별된다. 원자는 이렇듯 복잡하지만 정직하다.

과학이 발전하고 원자들이 가지는 질서를 설명하는 수학이 나타나면서 원자의 내부는 조금씩 그 정체가 밝혀지고 있다. 원자를 지배하는 입자들은 지구의 중력이 아니라 새로운 질서를 가진 역학에 의해서만 지배되고 있다. 이 법칙은 우주의 질서를 지배하는 만류인력(Newtonian motion)의 법칙과는 다르다. 사과가 나무에서 떨어지고 야구공이 포물선을 그리며 날아간 거리를 추적하는 법칙 혹은 배나 비행기가 움직이는 거리와 시간의 함수와 같은 것은 모두 거시적인 것이다. 그러나 원자의 내부에서 일어나는 미시적 세상의 움직임은 인위적인 힘으로 조정할 수가 없다. 오로지 그들에게 주어진 힘의 원천에 의해서만 통제되고 있다. 이것이 양자(quantum)의 세상이다.

원자를 구성하는 양성자와 전자는 그들이 가진 힘의 균형을 잘 유지하고 있다. 이 힘의 관계가 깨어지면 원자는 이온(ion)이나 라디칼(radical)과 같은 불안정한 상태로 변해 버린다. 이 불완전한 과정은 완전을 향해가는 하나의 조건으로 종종 분자를 만드는 과정으로 이어진다. 새로운 분자가 만들어지는 과정에 원자가 가진 힘의 교란은 필연이다. 어머니가 산고를 겪어야 아기가 태어나듯 분자의 형성은 원자가 형성되는 과정과는 비교될 만큼 단순하지만 원자들의 교란은 필연적 과정이다.

두 원자가 합쳐져 하나가 되는 본성은 두 핵이 멈춰서 서로를 바라보는 것으로부터 시작된다. 그들에게는 불꽃놀이 하던 시절의 강한 힘이 사라져버렸기 때문이다. 전자에게 넘어가 버린 질서를 그들은 알고 있다. 마주 보고 있던 두 방관자가 한 명씩의 자신이 가진 전자라는 병정을 내보내어 손을 잡으면 춤사위가 시작된다. 그들의 유희는 순식간에 빛의 속도로 흐르고 두 핵을 포위하여 하나의 공간 안에 가두어 버린다. 하나의 공간 안에 두 개의 핵이 하나 되어 있다. 이것은 새로운 우주의 설계로 탄생한 분자다.

알고 보면 화학은 이렇듯 전자 하나의 움직임을 추적하는 학문이다. 아주 단순한 것 같지만, 전자 하나의 이동이 가져다주는 의미는 매우 크다. 이들의 이동은 새로운 물질이 만들어지는 과정이기 때문이다. 이들이 자연에서 안정된 상태를 만들기 위해 분자나 이온 상태를 경유하는 과정은 필연적인 것으로 짝을 찾아 헤매는 생명체의 사랑싸움과 비슷하다. 여기에서 신의 가장 기본적인 창조사업이 시작된다. 이들을 추적하는 것은 쉽지 않다. 왜냐하면 이들은 거시세상의 것이 아니기 때문이다. 양자 세상에 속하는 미시세계는 그 모습이 수학에 의해서만 관리되고 있다.

팔우설

모든 생명체의 골격을 이루는 탄소(C)는 주기율표에서 6번째 원소로 6개의 양성자와 6개의 전자 그리고 6개의 중성자로 구성되어 있다. 여기서 6개의 중성자는 우리의 논의의 대상에서 제외된다. 왜냐하면 그들은 방향성이 없는 입자로서 오직 무게에만 영향을 주기 때문이다. 따라서 탄소는 6개의 양성자와 6개의 전자가 힘의 균형을 유지하고 있다. 그들의 내부를 들여다보면 6개의 전자 중에 2개의 전자는 양자역학적 조건으로 구중심처에 숨어 있다. 이 전자들은 화학적으로 비활성이다. 그러나 나머지 4개의 전자는 각각 하나씩의 손을 내밀어 다른 원자들과 결합할 수 있다.

가장 간단하게 네 개의 수소와 결합하면 메탄(methane; CH_4)이라는 화합물이 만들어지고, 산소와 결합하면 탄산가스(carbon dioxide; CO_2)와 일산화탄소(carbon monoxide; CO)가 된다. 메탄을 이루는 탄소는 그 몸통이 내민 4개의 손이 각각 하나씩의 수소와 손을 잡아 네 개의 이웃을 불러들인 분자다. 반면 탄산가스는 네 개의 손이 산소가 내민 두 개의 손을 붙잡아 2개의 산소 원자와 결합한 분자를 말한다. 일산화탄소는 세 개의 손이 하나의 산소에 내밀어 하나의 산소와 결합한 상태다. 이들의 결합 방법은 영리한 자연의 법칙에 따르고 있다. 어떤 곳에서는 움켜잡고 어떤 곳에서는 살며시 잡아주며 어떤 곳에서는 놓고 방심하는 것처럼 보일 때도 있다.

왜 탄소가 수소나 산소를 만나 일정한 방법에 따라 분자들을 형성해야만 하는가? 하는 문제는 원자들이 가지고 있는 8우설(octet rule)이라는 마술과 같은 법칙에 의해서 결정된다. 이 원자를 구성하는 일반적 규칙은 전자에 의해서 결정되는데 수소와 헬륨을 제외한 모든 원소는 8개의 전자를 활성전자 껍질에다 가짐으로써 안정화된다. 그 8개의 전자를 가지는 방법은 원자 자신이 가진 활성전자 수와 다른 원소로부터 받아들일 수 있는 전자의 개수를 더한 값이다. 탄소처럼 6개의 전자 중 화학적 활성이 없는 2개의 전자를 제외한 4개의 전자는 4개의 파트너로부터 각각 하나씩의 전자를 받아들여 메탄(CH_4)을 만들었다. 두 개의 산소에서 4개씩 전자를 받아들이면 탄산가스(CO_2)가 된다. 질소는 5개의 활성전자를 가지고 있어 3개의 전자를 받아들일 수 있다. 암모니아(NH_3)의 형성이 그러하다. 산소의 경우 6개의 활성전자를 가지고 있어 2개의 전자만 다른 매체로부터 받아들이면 된다. 다른 원자들도 이러한 규칙을 그대로 따르고 있다. 이것은 인위적으로 정한 것이 아니다. 이것은 마치 아침에 동역에서 해가 뜨는 것 같은 피할 수 없는 원자들의 본성이기 때문이다.

원자들이 가진 아름다움도 그 속에서 변화를 유도해가는 법칙 같은 것이다. 그러므로 탄소는 4개의 수소와 조우하여 8개의 전자를 채움으로써 안정화되었다. 그 과정이 제공한 물질은 메탄이다. 2개의 산소와 결합하여 안정화되면 탄산가스를 내놓는다. 이를 두고 팔우설의 마술이라고 하지만 과학에서 마술은 없다. 팔우설은 주기율표의 제2주기 원소들에 대해서는 완벽한 규칙으로 작용하고 있기 때문이다. 주기율표에서 3주기 이상의 원소는 이 규칙이 지켜질 수도 있고 그렇지 않을 수도 있다. 확장된 팔우설이 적용되기 때문이다. 확장된 팔우설은 18개까지의 전자가 상황에 따라 분자의 형성과정에서 활성껍질에 존재할 수 있다는 것이다. 이 경우의 적용은 주족원소보다 전위원소에 더 잘 적용되고 있는 규칙이다.

또 다른 예로서 지각의 28%를 차지하는 규소(silicon) 원자는 규소 스스로 존재하지 못하고 산소 원자를 가진 규사라는 실리콘디옥사이드(silicon dioxide; SiO_2)의 고분자형으로 자연에 많은 양이 존재하는 돌의 주성분이다. 여기서 규소는 탄소와 같은 족으로 같은 속성을 가진 원자로 탄소처럼 결합에 참여할 수 있는 4개의 전자를 가지고 있지만, 다시 4개의 전자를 산소로부터 받아들여 규소와 산소 사이에 이중결합을 만들어 실리콘디옥사이드($O=Si=O$)를 형성하게 된다. 이것은 탄소가 4개의 전자를 산소로부터 받아들여 탄산가스($O=C=O$)를 형성하여 8개의 안정화 전자를 갖는다는 규칙을 따르는 것과 같다.

실리콘디옥사이드는 규소와 산소 모두에게 자연의 법칙이 잘 적용된 분자다. 그러나 이 분자는 자연 상태에서는 발견되지 않는다. 왜 그럴까? 이 분자는 열역학적 안정도를 가지지 못했기 때문이다. 1965년 다센트(Dasent)에 의해 제시된 이중결합의 법칙에 의하면 '주양자수(n)가 3 그리고 그 이상의 원자가 만드는 이중결합은 불안정하거나 존재하지 않는다.'라는 이론에 의해서 실리콘디옥사이드는 안전한 상태에 머물지 못한다. 따라서 이 분자는 이중결합이 해체되어 삼차원 구조를 가지는 무기고분자$(-SiO_2-)_n$로 안정화된다. 이것이 돌의 주성분이다. 탄산가스(CO_2)와 실리콘디옥사이드(SiO_2)는 같은 구조로 출발하지만 안정된 물질이다. 2주기 원소인 탄소(C)와 3주기 원소인 실리콘(Si)의 차이는 위에서처럼 확실하다.

　수소 원자는 헬륨과 함께 주기율표의 제1주기에 속한 원자로 전자가 존재하는 방을 하나만 가지고 있다. 그 안에는 2개의 전자만을 가질 수 있다. 전자의 배향은 ↓↑ 혹은 그 반대 방향인 ↑↓이다. 하나는 불안정하고 셋은 용납되지 않는다. 왜 그래야 하나? 그것은 양자역학이 원자들을 계산하여 얻어내 결론이다. 그보다 큰 원자들은 8개의 전자를 4개의 방에 골고루 분배할 수 있는 방법은 다음의 표에 나오는 네 가지가 전부다. 그러나 서로 다른 방향으로 돌고 있는 a와 b는 허용되지만, 같은 방향으로 돌고 있는 c와 d는 양자역학에서 허용된 진동이 아니다.

↓	↑	↑	↓
↑	↓	↑	↓
a	b	c	d

과학자들은 "너희가 내놓은 것이 전부가 아니지?" 하며 묻지만, 분자들은 이 물음에 답하지 않는다. 그들은 "나중에 너희가 내게 더 가까이 오면 또 내가 가진 것을 좀 더 보여줄 수 있지!" 하며 실루엣 속으로 사라져 버린다. 언젠가 물리학자들에 의해 또 다른 질서가 발견될 수도 있다. 여기에 결여의 무(nothing)에서 창조된 모든 피조물이 가지는 창조의 진정한 형태가 숨어 있다. 현재 수소는 양성자 하나와 전자 하나로 구성된 원자이기 때문에 이것을 수소라고 이름을 지어준 것이다. 그와 마찬가지로 규소(silicon)는 양성자 14개와 전자 14개를 가진 물질이기 때문에 우리는 그것을 규소라고 부른다.

　　자연에 존재하는 86개의 원자 중 불활성 기체(inert gas)는 그들이 안정화될 수 있는 8개의 활성전자를 모두 가지고 있다. 따라서 이들은 다른 원소들과 조우하지 않는다. 전자의 출입이 필요치 않은 그들은 다른 원자와 결합하지 못하는 활성이 없는 불임성 원자들이다. 그렇다 보니 이 원자들은 외톨이가 되어 혼자만의 세상에 머물다가 지구중력을 벗어나 우주를 향해 떠나 버린다. 그리고 아무도 그들을 잡지 않는다. 이렇게 지구의 중력을 이기는 원자는 수소 분자와 불활성 기체뿐이다. 여기서 수소 분자의 경우는 불활성 기체의 경우와는 다르다. 이들이 지구를 등지고 우주로 날아간 것은 안정화와는 다르게 그들의 비중이 너무 가볍기 때문이다. 이러한 과정을 파헤쳐 가는 것이 과학자의 일이라면 이들 불활성 기체는 화학자들에게는 흥미가 없는 원소들이다. 왜냐하면 이들은 전자를 주고받는 수많은 원자들과 달리 화학을 잉태할 수 없기 때문이다.

세상에 존재하는 모든 사물은 우주를 구성하고 있는 86개의 원자 중에서 선택된 몇 개의 원자로 구성되어 있다. 예를 들면 우리 몸이 가지고 있는 원자의 개수를 헤아려 보면 10^{28}(1조×1억×1억)개의 원자들로 구성되어 있다. 이 많은 원자는 수소, 탄소, 산소, 질소와 같이 열 손가락으로 헤아릴 수 있을 정도의 몇 안 되는 원자들이 전부다. 그중 만약 수소로 분류된 원자는 어느 생명체 안에 존재하든 서로 조금도 다르지 않다. 산소는 산소로서의 원자적 특성을 그대로 간직하고 있다. 따라서 우리의 몸을 구성하는 원자가 몇 가지 종류로 구성되어 있다고 하더라도 그 구성에 참여하는 원자들은 모두 고유한 원자의 특성을 가지고 있다. 그러나 그 원자들 구성과 숫자로 만들어진 사람은 모두가 똑같지는 않다. 모양도 다르고, 언어도 다르고, 생각도 다르다. 그러나 이들을 구성하는 원자의 세상은 그렇지 않다. 물질을 구성하는 원자 중 수소는 어느 물질 속에 속해도 모두 같은 수소다.

1.9

불타는 공기

　물의 원소 수소는 1776년 헨리 캐번디시(Henry Cavendish, 1731~1810, 영국)에 의해 발견되었다. 그가 우연한 기회에 수돗물이 우윳빛으로 흐려지는 것을 보고 산에 금속을 넣으면 수소가 발생한다는 것을 발견하였다. 물이 분해되어 수소를 만든 것이다. 이 기체가 산소와 합치면 물이 되는 것도 확인하였다. 이 실험으로 그때까지 물이 원소가 아니라 화합물이라는 사실을 처음으로 밝혔다. 캐번디시는 이 수소가스를 '불타는 공기'라 명명하였다. 이것을 물의 원소 수소라 명명한 사람은 프랑스의 화학자이며 귀족 혁명가인 라부아지에(Antoine-Laurent de Lavoisier, 1743~1794)였다. 그는 "혁명은 과학자를 필요로 하지 않는다."라는 말을 남기고 파리혁명 시절 형장의 이슬로 사라진 혁명가이자 현대 화학 창시자 중 한 사람이었다.

　수소에는 현대과학의 역사가 그대로 반영되어 있다. 왜냐하면 수소는 그 구성이 간단한 물리계(physical system)로 모든 원자의 운동과 질서를 밝혀줄 수 있는 위치에 있기 때문이다. 과거에는 우주가 흙, 물, 공기 그리고 불로 이루어졌다고 믿었다. 그리고 그 생각은 거의 2,000년 동안 변하지 않았다. 이 사변적 학설은 어느 한순간 무너져 모든 물질은 원자로 이루어졌으며, 원자는 다시 전자와 핵으로 이루어지고, 핵은 다시 양성자와 중성자로, 그리고 쿼크(quark)와 글루이노(gluino)로 진화해가고 있다는 것이 원자의 역사다.

인간의 역사에서 원자를 구성하는 기본적 요소가 현재는 그렇다. 이 것이 원자 중에서 가장 작은 수소를 들여다봄으로써 내린 결론이다. 앞으로 다시 100년이 흐른 다음에도 수소 원자가 현재와 같은 위상으로 존재하고 있을지는 아무도 모른다. 왜냐하면 이것은 우리 인간 세상의 것이 아니기 때문이다. 그들은 어디까지나 양자의 세계에 속하고 있는 소립자다. 그것을 들여다보고 있는 인간은 언젠가 그 속에서 지금까지는 알려지지 않은 새로운 것을 발견할 수도 있을 것이다. 이것이 물의 원자 수소를 바라는 과학자들의 생각이다.

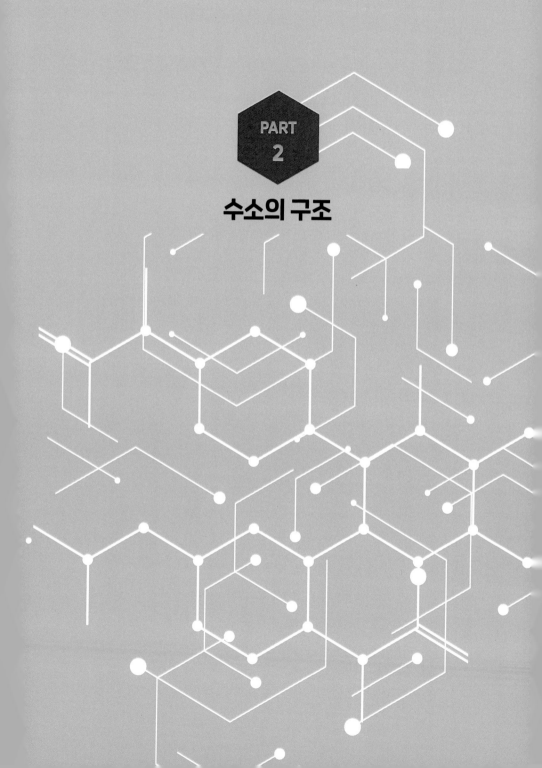

PART
2

수소의 구조

2.1

미시세계에 들어서다

수소는 지금까지 알려진 118개의 원자 중 가장 작고 단순하고 보잘 것없는 원소지만, 우주의 진화에 대한 과학자들의 생각이 정립되는 과정에서 중요한 역할을 해왔다. 한 개의 핵과 한 개의 전자 이것이 수소가 가진 모든 것이다. 그렇지만 이 포장되지 않은 단순함에는 모든 원자가 가져야 할 기본적 요소와 모든 조건이 내포되어 있다. 과학자들이 수소를 이용하여 창조주께서 그 속에 감추어 둔 비밀들을 하나씩 밝힐 수 있었던 것도 바로 그가 가지고 있는 단순함에 근거하고 있다.

수소의 포장되지 않은 이 단순함이 미시(micro)세계의 시작이고 이들이 모여 거시(macro)세상을 이루었으며 물질이 되고 별이 되어 우주를 형성하였다. 과학자들이 이러한 수소의 밝혀지지 않은 비밀에 접근하여 그들의 통일성을 들여다보고 한 가닥씩 풀어가며 퍼즐을 맞추어가듯 설명할 수 있었던 것도 수소의 단순함이었으며 이것은 더 나아가 수소의 가장 안정된 산화물인 물의 성질을 설명할 수 있는 초석이 되었다.

수소로부터 시작하는 우리의 이야기는 수소가 가지고 있는 이 단순함이 수소에만 제한적으로 적용되는 것이 아니라 우주에 존재하는 모든 원자에 두루 적용되고 있는 공통의 체계라는 사실을 알고 있다. 원자들만의 세계를 설명하는 수단으로 선택된 이 단순한 과학의 언어체계는 자연의 질문에 현재까지는 고분고분하게 답하고 있다. 따라서 화학을 말할 때 복잡하고 어려운 학문이라는 선입견으로 접근하는 사람들이 많지만 그렇지 않다. 자연을 단순함으로 설명하는 것이 화학이다. 가장 작은 원자를 잘 설명하는 것이 가장 기본적 물질의 세계에 접근하는 기초가 되듯 화학은 그들의 이야기를 잘 다듬어가는 과정에 있는 학문이다.

리그던(John S. Rigden)은 그의 저서 『수소로 읽는 현대 과학사(Hydrogen : The essential element)』에서 "우주를 이해하려면 우선 가장 간단하고 널리 퍼져 있는 수소를 정확히 이해하는 것에서부터 시작되어야 한다."라고 말하고 있다. 그렇다. 수소를 모르고 원자의 세계에 접근한다는 것은 무모하며 더 나아가 분자의 세상을 들여다보는 것은 더욱더 불가능하다. 물의 원소 수소를 이해하는 것이 모든 자연의 이치를 이해하는 초석이 된다는 것은 지금까지 미시적 세상에 접근했던 과학자들의 공통된 의견이다. 수소가 미시세계의 신비를 풀어가는 초석이라면 물은 수소가 물질세계에 감추어 둔 신비를 열어줄 초석이라고 할 수 있다.

수소는 우주 전체 질량의 약 75%를 차지하고 있다. 수소는 비중이

0.07밖에 되지 않아 물보다 14배 가볍고 세상에서 가장 가벼운 원소이지만 우주의 전체 질량의 75%를 차지한다는 것은 상상을 초월하는 비대칭적 요소가 그 속에 숨겨져 있다는 것이다. 그 나머지 25%의 구성은 헬륨이다.

우주 공간에서는 수소가 헬륨으로 바뀌는 핵반응은 현재는 일어나지 않는다. 왜냐하면 지금의 우주는 식어서 핵반응을 일으킬 수 있는 환경이 아니기 때문이다. 하지만 지금도 우주에 흩어진 여러 행성에서는 수소를 원료로 삼아 주변 천체들을 환하게 밝히고 있는 별들이 태양 말고도 여럿이 있다. 왜 수소가 이 별들에 모여 지금까지 열과 빛을 내며 타고 있는지는 아무도 모른다. 그러나 열과 빛을 내는 별은 그 찬란히 빛나는 에너지로 어느 낯선 행성에서 생명을 키워가고 있는지도 모른다. 지구로부터 1억 5,000만㎞ 떨어진 태양에서 수소가 헬륨으로 바뀌는 핵반응 과정에서 발생한 빛에너지는 8분 30초 후에 지구에 도착한다. 그리고 태양은 모든 생명을 그의 종속자로 만들었다.

우주에 흩어진 별들은 지금도 수소를 고체, 액체 혹은 기체로 가지고 있다. 그러나 우리가 살고있는 지구에는 자연 상태에서 분자 혹은 원자 형태로 유리된 수소는 없다. 왜냐하면 지구에는 고체나 액체 상태의 수소를 보존할 수 있는 능력이 없기 때문이다. 액체나 고체 상태의 수소는 녹는점(-259.2℃)과 끓는점(-252.7℃)이 너무 낮아 그 상태로 지구의 상온에서는 존재할 수는 없다. 수소는 지구환경에서는 기체로 존재하지만, 그마저도 가벼워 지구의 중력권을 쉽게 벗어나 버린다. 수소 기체가 들어 있는 풍선이 하늘로 날아오르는 것이 그 증거다. 그러나 지구에서도 물과 화석연료와 살아 있는 모든 생명체를 구성하는 요소에는 수소가 화합물 형태로 존재하고 있다. 예를 들면 탄수화물이나 단백질과 같은 유기물은 탄소와 산소 혹은 질소가 모여 그 골격을 이루고 있다. 그러나 그들의 주위 환경을 보완하여 화합물로서 물질의 완성에 관여하는 것은 수소다.

지구에 생명이 나타나고 유기물들이 태양에너지에 의해 합성되던 시기에 지구에는 유리(遊離)되어 자유공간에 존재하던 수소 분자가 없었다. 그렇다면 지상의 생물권이 가지고 있는 유기물과 탄산과 같은 화합물의 수소는 과연 어디에서 왔을까? 한 가지 가능성이 있다면 유기물들의 구성에 참여한 수소는 화합물들의 안정화 과정에 물이 한 몫을 담당했다고 보는 견해가 지배적이다. 물은 수소 이온을 통해 다른 물질의 화학 과정에 참여해 왔다. 이 화학과정에 필요한 물의 성질을 살펴보면 물은 100만 개의 분자 중에 1개의 수소 이온(H^+)과 수산 이온(OH^-)으로 분리되는 평형 상태를 유지하고 있다. 여기에 탄산가스가 물에 녹아 형성된 탄산의 영향이 더해지면서 물의 수소 이온 농도가 10^{-5}배로 증가하게 되어 십만 개 중의 하나의 물 분자가 해리되어 물속에 있다. 물이 자연에 존재하는 분자들의 안정화에 참여한 결과는 유기물이 가지고 있는 수소 환경에서 쉽게 볼 수 있다. 수소로 포장된 탄소 골격을 가진 유기물들이 모여 생명현상을 나타내는 것은 유기물들의 안정화에 참여한 또 다른 에너지로 보는 견해도 있다. 수소는 우주의 구성 성분 중 90%를 차지하고 있으면서도 지구라는 공간에서는 그 표면의 70%를 점령하고 있는 물을 구성한 원소다.

물의 원소, 수소의 실체를 밝히기 위한 과정은 그대로 현대과학의 발전사와 그 맥을 같이하고 있다. 원자의 작은 세계를 들여다보기 위해 20세기를 살아온 과학자들이 이룩한 가장 큰 업적이 있다면 그것은 아마도 '분해기술'의 발견이라고 할 수 있다. 과학자들은 사물을 부분부분으로 쪼개어 연구하기 시작하였다. 그 방법을 발전시켜 그들은 더 이상 작은 조각으로 나누어지지 않을 때까지 쪼갰다. 산을 부수어 바위를 만들고 그것을 다시 부수어 모래를 만들고 그 모래를 들여다보고 산을 유추해내는 기술이다. 그 첫 번째 결과물이 돌턴의 원자설이다. 2천 년 이상을 지배해 오던 사변적 유물관의 실체가 쪼갬의 역학이라는 실험에 의해서 밝혀진 것이다. 이 분해기술에 의해 원자가 더 이상 작은 조각으로 깨질 수 없다는 것을 실험에 의해 확인했다. 2천 년 동안 아무도 행하지 못했던 실험이 돌턴에 의해 이루어진 것이다. 돌턴의 원자설(1803)은 화학자들에게는 만족한 결과였다. 그리고 그들은 적어도 그 후 90년 동안은 그 결과에 이의를 제기하지 않았다.

그러나 원자가 더 작은 입자로 나누어질 수 없다는 것에 대해 의문을 품기 시작했던 것은 물리학자들이었다. 그들은 원자가 깨어지지 않아 쇠구슬처럼 단단하다면 원자로 이루어진 분자는 어떤 힘에 의해서 서로를 묶어둘 수 있을까? 원자로부터 방출되는 빛이란 과연 무엇인가? 화학 반응에서 방출되거나 흡수되는 열에너지가 가지는 의미는 무엇일까? 하는 꼬리에 꼬리를 무는 수많은 의문으로부터 그들의 생각을 정리하기 시작하였다. 그리하여 그들은 다시 원자를 쪼개기 시작하였다. 그리고 그 속을 들여다보았다. 원자의 구조와 기능에 대한 이러한 연구는 불과 반세기도 지나지 않아 원자는 만류인력의 범위를 벗어난 물질이며 양자화(quantified)되었다는 새로운 사실을 밝히게 되었다. 이것은 매우 놀라운 일이었다. 그때까지 세상을 지배하던 뉴턴(Newton)의 가치에 정면으로 배치되는 도전이었다. 그 도전은 원자 속의 구성은 핵과 전자이며 이 작은 입자들의 세상은 양자역학(quantum mechanics)이라는 힘에 의해 지배되고 있음을 밝히게 된 것이었다.

양자화된 세상은 지금 우리와 접점을 같이하고 있는 만류인력이 지배하는 세상과는 다른 영역임이 틀림없다. 이 세상을 밝히는 첫 모델이 바로 수소였다. 왜냐하면 양자의 세상에 접근하기 위해 이론적으로 제안된 모델과 수소의 구성이 일치하고 있었기 때문이다. 따라서 수소 속에 숨겨진 오묘한 비밀들이 하나하나 밝혀질 때마다 원자 전체가 가지고 있는 신비함이 그 속에 숨어 있음이 확인되었다. 그 수수께끼 같은 원자들의 구성과 구조 그리고 에너지를 통해 현대과학은 눈부신 발전을 이룩하였다. 그 위상을 지금의 위치에 올려놓은 원소가 바로 수소인 것이다. 아마도 언젠가는 수소 원자에 대한 비밀이 모두 밝혀지는 시대가 온다고 해도 수소에 대한 연구는 계속될 것이다. 왜냐하면 만물은 하나의 통일된 법칙으로 설명되어야 하고 수소는 그 모든 것의 기본적 소양을 가진 원소이기 때문이다. 수소는 가장 작은 원자이지만 모든 것을 포함하는 원자들의 어머니와 같은 원소다.

수소 원자의 구성과 그 내부에서 일어나는 에너지 변화는 양자역학이라는 새로운 물리계에 의해서 운영되고 있음을 앞에서 밝힌 바 있다. 이 물리계의 운동과 에너지는 불연속적이며 만류인력(Newtonian mechanics)을 기반으로 하는 물질계와는 다른 특징을 가지고 있다. 여기서 '불연속적(discontinuous)'이라는 단어의 숨은 뜻을 먼저 헤아려 보아야 한다. 우리의 눈앞에서 펼쳐지는 모든 가시적 에너지의 변화는 연속적이다. 예를 들면 자동차가 달리고 야구공이 날아가고 물이 흐르는 것 같은 현상은 모두 측정된 구간에서 한순간과 다음 순간은 미분 단위로 연결되어 있다. 그리고 그 연속적 변화는 수학적 방법에 의해 그 운동량과 에너지를 정리할 수도 있다. 그러나 원자들이 가진 에너지 상태는 '1, 2, 3 …'이라는 정수 상태로 존재하고 있다. 이들의 상태는 거시세상의 움직임처럼 서로 연결되어 있지 않다. 따라서 이들을 들여다볼 수 있는 것은 오로지 수학적 접근만이 가능하다. 양자역학의 물질계는 불연속적이며 연속적인 것과는 접점이 없다. 이 세상은 그들만의 가치와 힘에 따라 운영되고 있기 때문이다.

2.2

전자가 존재하는 곳

영국의 극작가 조나단 스위프트(Jonathan Swift, 1667~1745)가 쓴 풍자소설 〈걸리버 여행기〉는 그가 꾸며낸 소인국의 세상을 다스리는 힘의 원천이 우리가 살고있는 이 세상을 다스리는 질서와 다르며 생소함에 무게를 두고 있다. 소인국의 릴리푸트(Lilliput)들이 살고있는 세상의 질서는 걸리버가 그동안 살았던 세상의 모든 것과 다른 새로운 질서에 의해 움직이고 있었고 완전히 바꿔버린 가치와 릴리푸트들의 세상을 이해하고 받아들여야 했다는 이야기다. 이것을 양자역학이 태동하던 일 세기 전의 상황과 비교한다면 지나친 비약일까? 양자의 세상은 지금 우리가 숨 쉬며 살아가는 만류인력 세상의 것은 아니다. 존재하지만 실체를 수학적 논리에 의해서만 관리할 수 있는 세상, 이것이 양자의 세상이다.

"인류의 역사에서 가장 위대한 날 중의 하나가 뉴턴이 그의 논문 〈원리 Principia〉를 런던의 왕립학회에 제출한 1686년 4월 28일이라고 해도 과언이 아닐 것이다."라고 일리아 프리고진(Ilya Prigogine, 1917~2003, 벨기에)은 말했다. 그는 "이 논문은 우리가 지금까지도 사용하고 있는 질량, 가속도, 관성 등과 같은 근본적인 개념들을 명료하게 설정하였을 뿐 아니라 아마도 가장 큰 충격은 중력에 관한 보편적 법칙을 포함하고 있는 〈세상의 체계(The System of the World)〉라는 제목으로 되어있는 원리의 제3권의 개념들일 것이다."라고 증언하고 있다. 그로부터 거의 250년 동안 자연은 그가 제시한 만류인력의 법칙에 의해 지배되는 세상이었다. 그러나 양자역학이 태동하던 20세기의 초에는 우주를 지배하는 질서가 만류인력과 양자역학이라는 미시세상으로 나누어졌다.

미시세계를 구성하는 입자들은 뉴턴이 제시한 지구 중력으로부터 자유롭다. 그 운동에너지는 매우 체계적인 '혼돈 속의 질서'로 이들의 상태를 설명하는 것이 적절하다. 원자와 분자와 같은 미시세계의 물질들은 독립된 여러 개의 에너지 상태를 가지고 있다. 그 각각의 에너지 준위는 원자의 구성 요소인 전자들이 존재할 수 있는 서로 섞기지 않는 공간이다.

이런 상상을 해보자. 아무것도 없는 벽의 가장 밑에 탁구공 하나를 두고 그 위의 적당한 위치에 까치발 선반을 하나 만들고(제1선반), 그리고 그 위에 적당한 위치를 찾아 다시 까치발 선반이 있다면(제2선반) 까치발들은 제일 밑에 있는 탁구공으로부터 각각 독립된 위치를 확보하고 있다. 그리고 탁구공에 어떤 힘을 주면 탁구공은 움직여서 제 1선반으로 옮겨갈 수도 있고 제2선반으로 갈 수도 있다. 그렇지만 힘을 적당히 주어 제1선반과 제2선반 사이에 올라갈 수 있는 에너지를 줬다면 탁구공은 올라갈 수가 없다. 왜냐하면 그 중간에는 에너지 선반이 없기 때문이다. 이것이 양자들이 갖는 1, 2, 3… 같은 불연속적인 현상이다. 에너지 선반이 바로 전자가 존재할 수 있는 궤도(orbital)가 된다.

그렇다면 독립적인 에너지 준위를 연결해 주는 것은 무엇인가? 원자가 가진 것은 핵과 전자뿐이다. 이 중에 핵은 무게의 중심으로 화학적 힘으로는 움직일 수 없다. 그렇다면 그 연결고리는 전자뿐이다. 원자들이 가진 여러 개의 독립된 에너지 공간을 연결해 주는 매체는 전자다. 전자들은 정해진 에너지 공간 이외의 어떤 공간에도 존재할 수가 없다. 이 궤도는 하나의 에너지 상태만을 가질 수 있는 전자가 존재할 수 있는 공간으로 최대 두 개의 전자가 서로 다른 방향의 회전 방식을 가지고 그곳에 있을 수 있다. 그러나 이 각각 독립적으로 존재하는 에너지 준위는 한 개의 원자 안에 그 상태에 따라 체계적으로 여럿이 존재하고 있다. 이 에너지 준위는 원자가 가지는 고유의 값을 가지며 이 에너지 준위 간격의 크기는 에너지 크기와 일치한다. 그리고 각각의 에너지는 까치발로 고정된 준위로 여기(exited)된 전자가 다시 바닥상태로 돌아오려면 여기(exited)할 때 흡수했던 에너지를 다시 방출(release)해야 한다. 그 방출은 빛의 형태로 시스템을 떠난다.

조금 쉽게 설명하기 위한 예시로, 여러 개의 방을 가진 호화저택이 있다고 하자. 주인(핵)은 과체중으로 움직이지 못하고 중앙에 앉아 있다. 주인 앞에 여러 명의 종(전자)이 모여 명령을 기다리고 있다. 그런데 그 집에 종들은 걷지를 못하고 뛰기만 한다고 해보자. 주인은 첫 번째 종을 불러 한번 뛸 수 있는 에너지를 주고 가라고 명령한다. 첫 번째 종이 받은 에너지는 한번 뛸 수 있는, 첫 번째 방까지만 갈 수 있는 양이다. 주인은 두 번째 종을 불러 그에게도 꼭 같은 양의 에너지를 주면서 이번에는 명령어로 "동료가 있는 방으로 가되 등을 돌려 뛰어가!"라고 한다. 종은 왜 돌아서서 뛰어야 하는지를 다시 묻는다. 주인의 대답은 "네가 똑바로 뛰어가면 그는 반드시 너를 밀어내 버릴 거야! 그것은 창조주가 너에게 주신 선물이니 더 이상 묻지 말고 뛰어!"라고 명령한다. 두 번째 종은 뛰어가 한 번에 그 방에 들어가서는 첫 번째 종과 서로 반대 방향을 향해 돌아앉아 돌고 있다. 만약 이 두 명의 종이 같은 방향으로 돌고 있다면 그 중 어느 한 종은 밀려났겠지만, 서로를 쳐다보지 않고 돌고 있는 이들은 서로서로 만족한다. 뽐내고 싶어서 그럴까? 시기해서 그럴까? 아니다. 먼저 온 첫 번째 종은 힘이 약간 더 있지만, 두 번째로 온 종으로부터 안정화 에너지를 공급받아 둘은 같은 에너지 전위에 머물게 되어 만족한다. 이것이 's 오비탈'이다.

그다음은 조금 먼 곳에 3개의 방이 있는데 그 방은 두 번 뛰어야 갈 수 있는 거리에 있다고 해보자. 주인이 종 셋을 뽑아 보내는데, 그 방으로 뛰어가게 한다. 주인은 "각 방에 한 명씩 들어가라!"라고 명령한다. 종 셋은 그렇게 한다. 주인은 다음 셋을 다시 부른다. 그리고 같은 명령을 한다. 그들은 뒤돌아 뛰어 각 방으로 들어간다. 이렇게 그들은 명령에 의해서만 움직이는 로봇과 같은 존재들이다. 이것이 'p 오비탈'이다.

주인은 다시 다섯 명의 종을 불러 명령한다. 이번에는 3번 뛸 수 있는 에너지를 준다. 다섯 명의 종은 그렇게 한다. 주인은 이번에는 방에 들어가 있는 종에게 다시 명령한다. 첫 번째 종에게 다시 두 칸을 뛸 수 있는 에너지를 주면 종은 세 번째 방에 갈 수 있다. 여기서 중요한 것은 뛸 수 있는 에너지는 위에서 본 것처럼 1, 2, 3과 같은 정수다. 왜냐하면 1.5나 0.5의 위치에는 방이 없다. 방을 찾지 못한 종은 주인 앞에 다시 돌아갈 수밖에 없다. 여기서 불연속적이라는 것은 그 중간에도 방이 있어 1번 방과 2번 방을 연결해서 갈 수 있어야 하는데 그 길이 없다는 것이다.

야구공이 타자의 방망이를 맞으면 포물선을 그리며 창공을 날아간다. 그 운동은 순간순간의 미분량으로 계산되는 변화를 그리며 떨어진다. 그러나 주인으로부터 일정한 에너지를 받은 양자의 종은 처음이나 마지막이나 같은 속도와 운동량으로 처음과 끝이 같다.

2.3

진동과 에너지

원자는 자신의 에너지를 전자들의 진동이라는 움직임에 감추고 있다. 그 진동은 시작과 끝이 같은 크기로 창조주께서 원자를 창조할 때 그 안에 남겨둔 힘이다. 꼭 그만큼 해당하는 에너지로 그들은 존재한다. 아마 전자도 왜 내가 이 떨림(진동)으로 여기에 존재해야 하는지를 모를 것이다. 왜냐하면 이것은 창조주의 한 수이기 때문이다. 그래서 수소의 전자는 수소만이 가지는 운동을 하게 되고 헬륨은 그가 가진 에너지만큼의 운동을 할 수 있다. 그보다 크거나 작은 에너지는 수소의 존재와는 아무런 관련이 없다.

그러나 외부로부터 이 에너지에 상응하는 다른 에너지가 들어오면 원래의 전자는 에너지 준위를 바꾸어 새로운 궤도로 이동하게 되고 이 진동에너지는 다시 그가 있었던 위치로 돌아오며 그 차이만큼은 빛 에너지로 외부로 방출된다. 그 크기를 측정하면 원자 내부에서 일어난 에너지 변화를 알 수가 있다. 이것은 한 원자의 운동이지만 그 숫자가 아보가드로(Amedeo Avogadro, 1776~1856)의 숫자($6.023 \times 1,0^{23}$개/mole)만큼 많은 원자가 존재해도 꼭 같은 일을 하고 있다. 그중에서 하나의 일탈도 없다. 이것이 원자의 세계를 지배하는 양자적 정확성이다.

우주에 존재하는 모든 원자는 수소 원자가 만들어 놓은 이 기본 질서를 그대로 따르고 있다. 수소라는 소인국의 세상은 〈걸리버 여행기〉 속의 왕국처럼 그들만의 힘에 의해서 그들만의 질서로 운영되는 또 다른 세상이다. 이곳은 우리가 지금 살고있는 세상과는 다르다고 두려워할 필요는 없다. 원자들의 질서를 살펴 가는 과정은 수학적 방법으로 그들의 행동거지를 관리할 수 있기 때문이다. 왜냐하면 수소 원자의 내부에는 수학으로 표현될 수 있는 체계적 질서가 존재하고 있다. 이 수학적 질서는 허수(imaginary number)가 포함된 방정식에 의해 설명되고 있다. 허수는 연속적 스펙트럼으로 이루어진 만유인력의 세상의 질서를 설명하기 위한 수학이 아니다. 그것은 미시세계의 질서를 설명하기 위해 고안된 적절하고 정확한 수단이다.

우주가 만들어질 때 원자들이 얻어낸 그들만의 세상을 다스리는 힘에 대한 수학적 표현이 허수방정식에 의해 정리된 일부라면 원자 안에 갇힌 입자들의 움직임은 영원히 멈출 수 없다. 그것은 탄생의 순간 창조주가 그들에게 준 그들만의 질서이기 때문이다. 그러기에 원자는 그것이 분해되어 전자와 핵으로 파괴되기 전까지 항상 살아 움직이는 생명체와 같다. 이 살아 있는 원자의 생명 현상은 언제나 하나의 질서에 의해서만 존재한다. 양자역학이 제공해 주는 힘이 바로 그것이다.

그렇다고 원자가 파괴되어 핵과 전자들로 나누어진다고 해도 이것은 또 다른 물질을 형성하는 기초가 될 뿐 없어지지 않는다. '결여(缺如)의 무', 이것이 거시세계의 삶의 방식과는 다른 점이다. 이 모든 것이 수소가 가지는 특성에 의해 관찰되고 특징지어진다는 것이 현재 원자의 세상을 들여다보는 과학자들의 생각이다. 여기에 무엇이 보태질 수 있을까? 현재로선 아무것도 없다. 그러나 과학자들의 생각이 머무는 곳에 또 다른 세상이 있을 수 있다. 다른 수학과 역학으로 운영되는 또 다른 세상이 있다면 그곳은 이상향(理想鄉, utopia)일까?

원자는 인류의 역사에서 가장 오래된 물질관을 가진 사물이다. 원자에 대한 시간여행은 지금으로부터 2,400년 전에 그리스의 밀레토스 지방에서 살았던 탈레스(Thales, 640-546? B.C.)에 의해서 제안된 '모든 물질의 근본이 물'이라는 제안에서부터 시작되었다. 탈레스의 학설이 제기된 후 약 1세기쯤 후 모든 물질의 공통적인 기본 단위를 찾으면서 일생을 보낸 철학자 레우키포스(Leucippus B.C. 450경 그리스에 살았던 철학자)와 데모크리토스(Democritus, BC 460~370, 그리스에 살았던 철학자)는 물질을 구성하는 기본 단위가 원자라고 하는 더 이상 쪼개지지 않는 입자라고 주장하였다. 이른바 원자설이다. 이 원자설은 중세를 지나며 원자변형설과 연금술(alchemy)과 같은 여러 가지 학설과 기술로 진화되었고 합금과 화학이라는 새로운 물질세계를 열어가는 초석이 되기도 했다. 그러나 물질의 근본을 알고자 했던 고대 그리스인들의 제안은 2,000년을 지나오며 그들이 얻고자 했던 근본적 실체에 아무런 변화도 주지 못했다. 그저 사변적 논리로만 남아 있었을 뿐이다.

어느 화학 교수의 강의노트-1 물

원자와 관련해서 현대과학의 아버지는 영국의 시골 학교 교사로 일하던 돌턴(John Dalton, 1766~1884)이었다. 원자설은 원자량에 바탕을 둔 실험에서 얻어진 결과로 1806년에 발표되었다. 그는 다음과 같은 실험적 결과를 발표하였다.

"모든 물질은 더 이상 쪼개지지 않는 원자들로 구성되어 있으며 산소와 수소가 결합하여 물을 만드는 것과 같이 화학결합을 형성하는 데 일정한 비율을 가지고 결합하며 상이한 기체들의 같은 부피 중에는 상이한 수의 원자들이 들어 있고 이들의 크기와 무게는 다르다."

이것이 인류의 역사상 실험을 통해 밝혀진 최초의 원자에 대한 실험적 결과다. 또한 이것은 고대 그리스 철학자들이 사변적 논리로 주장하던 원자설을 최종적으로 증명해 주는 중요한 결론이기도 했다.

원자설이 발표되자 그것을 기반으로 하는 연구가 많은 과학자들에 의해 진행되었으며 다양한 방법으로 그 범위를 넓혀가고 있었다. 돌턴이 화학반응에서 결합하는 물질들의 무게가 화학적 결합에 중요한 역할을 하고 있음을 연구하고 있을 때 프랑스의 화학자 게이-뤼삭(Joseph Louis Gay-Lussac, 1778~1850)은 기체상으로 존재하는 물질들을 대상으로 수소 2부피와 산소 1부피가 결합하여 물을 형성한다는 캐번디시(Henry Cavendish, 1731~1810)의 실험을 연계하여 연구하던 중 측정이 정확할수록 결합비가 정수비에 가까운 2:1에 접근한다는 사실을 밝혔다. 그 실험을 토대로 1부피의 수소와 1부피의 염소가 결합하여 2부피의 염화수소가 형성된다는 사실도 실험에 의해서 확인하였다 ($H_2 + Cl_2 = 2HCl$). 이러한 관찰을 게이-뤼삭(1809년)은 '기체물질들이 형성하는 화합물질들은 언제나 매우 간단한 부피의 비율로 형성된다.'라는 결론을 내렸다. 기체들의 종류에 상관없이 같은 부피의 기체 안에는 같은 수의 입자들이 들어 있다는 '같은 부피-같은 수'의 법칙은 기체의 행동에 대한 실험적 관찰들로부터 얻어낸 많은 다른 추론들과도 모순되지 않았다. 그러나 원자의 무게를 중심으로 연구하던 돌턴은 이 새로운 접근법을 받아들이지 못했다. 왜냐하면 그는 무게중심의 연구에 심취해 있었기 때문이다.

모든 지적 활동에서도 마찬가지지만 과학에서도 인간정신의 상호 간의 모순이 되는 것을 진리로 동일하게 받아들일 수는 없다. 두 개의 보편타당한 진리가 서로 모순이면 그중 하나는 버려야 한다. 그리고 그중 하나는 이미 확립된 다른 진리와 모순되지 않아야 한다. 지금 논의된 것 중에 돌턴의 견해는 수정되어야 했다. 그러나 돌턴은 그 수정안을 받아들이지 않았다.

시간이 지나며 돌턴의 원자설은 화학자들에게는 더 이상 다툼이 없는 완벽한 것으로 굳어갔다. 그러나 이 학설이 맨체스터의 철학 잡지에 발표된 지 약 90년이 지난 후 물질에 대한 전혀 새로운 단서들이 물리학자들에 의해서 하나씩 하나씩 발견되기 시작하였다. 그중에서도 위대한 물리학자 톰슨(Joseph J. Thomson, 1854~1940)은 돌턴이 제안한 원자설을 화학자들이 실험실에서 흔히 사용하는 비커나 플라스크가 아닌 음극관이라고 하는 진공관을 이용한 전기방전 실험에서 수많은 실험과 계산을 거친 후 1897년 진공관 내부로 흐르는 유체가 음성이며 입자라는 사실을 밝혔다.

그는 진공관 속을 흐르는 입자들의 무게와 하전에 대한 비를 산출해 냄으로써 원자는 하부구조를 가지고 있음을 증명해 낸 최초의 사례에 해당된다. 이것은 원자가 돌턴이 제안한 깨어지지 않는 작은 입자가 아니라 원자에는 그를 구성하는 내부 구조가 존재한다는 사실을 밝힌 것이다. 이 발견으로 원자가 변하지 않는 쇠구슬처럼 단단한 입자라는 돌턴의 개념은 더 이상 진리로 받아들일 수 없게 되었다. 원자설은 진화하기 시작한 것이다.

이 실험이 중요한 것은 만류인력이 지배하던 세상에서 처음으로 양자의 세상을 들여다보기 시작했다는 것이다. 그는 진공관 내부를 흐르는 유체를 '미립자'라고 명명하고 전하와 전자의 질량의 비를 측정하여 미립자가 무게를 가진 입자라는 사실을 밝히게 된다. 전자가 무게를 가진 입자임이 밝혀진 것이다. 이 미립자를 전자라 명명한 사람은 존스턴 스토니(George Johnstone Stoney, 1826~1911)였다.

톰슨 가족의 전자에 대한 연구는 대를 이어 진행되었으며 노벨 물리학상을 한 가족이 두 번씩이나 받게 되었다. 아버지 톰슨(Joseph John Thomson, 1856~1940)은 전자의 발견으로 1906년에 노벨상을 받았으며 아들 톰슨(George Paget Thomson, 1892~1975)은 전자의 파동성에 대한 연구로 1937년에 노벨상을 받았다. 그뿐 아니다. 그가 설립한 '캐번디시연구소'에서 톰슨에게 교육받은 학생들 중 노벨상 수상자가 여덟 명이나 된다.

톰슨의 제자인 러더포드(Ernest Ruthrford, 1817~1937)는 전자에 대항하는 힘을 가진 입자를 발견하였다. 그의 발견으로 물리학계에서는 모든 원자는 음전하를 띠고 있는 전자와 양전하를 띠고 있는 핵(nuclear)으로 구성되었다는 새로운 원자설을 수용하기 시작하였다. 그가 시행했던 실험은 화학자들이 주로 사용하던 것과는 다른 방식을 사용하였으며 톰슨이 시도해서 전자를 발견한 진공관도 아니었다. 그는 알파입자(α-particle)라는 스파이를 이용하여 원자의 내부를 들여다본 것이다. 그는 방사성 물질의 붕괴로 방출되는 알파입자를 얇은 금박에 충돌시키는 실험을 시행했다. 그 금박은 모노-레이어(mono layer)와 같이 매우 얇은 막이었다.

그는 자신이 얻은 실험 결과를 1909년 발표하였다. 그는 원자 내부에 존재하는 단단한 중심부에 관한 것도 조심스럽게 그 발표에 덧붙였다. 그러나 원자의 구조에 대한 견해는 그 당시까지 유행하고 있던 '푸딩에 박힌 건포도 모형'이 지배하고 있었으므로 그 견해를 그대로 받아들였다. 그들은 '그것은 마치 푸딩에 박힌 건포도처럼 구형의 양전하 속에 음전하를 갖는 전자들이 박혀 있다'라고 가정하였다. 그러나 그는 1911년 발표된 논문에서 실험에서 밝혀진 딱딱한 중심이 핵이라는 것을 세상에 처음으로 발표하였다. 핵이라는 단어의 도입으로 원자의 구성이 전자와 핵으로 나누어지는 아원자들(sub atoms)로 이루어졌다는 사실을 물리계에 알린 첫 사례가 되었다.

러더포드가 행했던 알파입자의 산란 실험은 과학의 역사에서 자연의 신비를 밝히기 위한 실험 중 몇 안 되는 흥미 있는 실험이었다. 왜냐하면 그의 실험결과는 '무질서에서 찾아낸 질서'였기 때문이다. '무질서 속의 질서'의 발견이 그의 연구 결과였다. 그는 알파입자를 금박에 쏘아 스크린에 나타난 결과를 분석하고 있었다. 그는 그가 행한 실험에서 모든 알파입자가 직선 비행을 할 것으로 기대하였다. 그러나 실험 결과는 기대치에 정면으로 배치되었다. 알파입자들은 발사관 앞에 설치해 둔 얇은 금박을 지나며 매우 무질서하게 비행하였음이 금박 뒤편에 설치해 둔 인화지에 그대로 기록되어 있었다. 그뿐 아니라 알파입자를 쏘는 발사관의 방향과 정반대되는 곳에 설치해 둔 인화지에도 그 흔적을 뚜렷하게 남겼다.

러더포드는 이 실험 결과를 설명하기 위해 긴 시간을 침묵해야 했다. 그는 실험이 끝난 후 거의 반년을 실험 결과를 설명하기 위해 결과물의 분석에 몰입하였다. 그 결과는 비교적 간단하였다. 그는 실험결과를 이렇게 설명하였다.

"대부분의 알파입자가 직선 코스에 밀집된 것은 원자의 공간 대부분이 비어 있고 매우 작은 공간에 딱딱한 핵이 존재하고 있기 때문이며 인화지에 나타난 무질서한 흔적들은 원자에는 핵이라는 양전하를 띤 딱딱한 입자가 있고 그것은 전체 원자의 매우 작은 공간을 차지하며 산란은 양전하를 띠는 핵의 주위를 비행하는 양전하를 띤 알파입자가 원자핵과 떨어진 거리를 비행하는 동안 핵과의 척력에 의해 발생되는 알파입자의 휘어짐에 의해 발생한 흔적임을 밝혔다. 발사관 뒤쪽의 흔적은 알파입자가 금박의 원자핵에 정면으로 충돌해 알파입자가 되돌아와 남긴 흔적이었다. 이것은 마치 15인치 포탄을 적진을 향해 쏘았더니 되돌아와 쏜 사람을 맞춘 것과 같이 믿을 수 없는 일이라고 그는 소개하였다."

그의 알파입자의 산란에 대한 무질서도의 설명은 명쾌하였다. 그 결과 실험을 통해 '원자는 무게중심을 가지는 핵과 빈 공간을 떠도는 전자들로 구성되어 있다.'라는 결론이다. 그러나 원자의 구성하는 핵과 전자들이 어떤 모양과 에너지를 가지는지에 대한 결론은 도출해 내지 못했다.

핵과 전자로 이루어진 원자의 구성을 연구하던 덴마크의 물리학자 닐스 보어(Niels Bohr, 1885~1962)는 원자의 중심부에 매우 작은 크기의 핵이 존재하고 그 주변에는 전자가 돌고 있다는 러더포드의 실험 결과를 수용하여 전자들이 운동하는 법칙에 관한 연구를 계속하였다. 그의 연구에 전자는 특정한 조건을 만족하는 궤도를 회전하며 이 궤도를 따라 운동한다는 양자적 조건(quantum condition)을 도입하였다. 여기서 양자적 조건은 에너지 준위라는 새로운 개념으로 전자가 몇 개의 특정한 에너지만을 가질 수 있다는 것이었다. 이 새로운 개념은 궤도(orbital)라고 칭하는 전자가 존재하는 공간으로 제안되었다. 그리고 각각의 에너지 준위는 수소 원자가 가질 수 있는 양자적 상태에 준한다는 결론을 내린 것이다. 이것은 어떤 양자적 상태에 있는 전자가 가질 수 있는 전자궤도(위에서 말한 벽에 박혀있는 선반)가 특정한 값으로 한

정된다는 것을 의미하고 있다. 따라서 보어의 원자모형은 '원자는 핵이 중앙에 존재하고 전자들이 행성처럼 정해진 궤도를 따라 핵의 주위를 돌고 있다는 것'으로 결론을 내렸다.

이 구조는 물론 훗날 '원자학'의 발달과 함께 크게 수정하게 되었지만, 원자의 실질적 구조를 구상하는 보어의 원자 모델은 지금도 교과서에서 제안하는 원자 모델의 한 형태로 남아 있다.

2.4

보어와 슈뢰딩거의 원자

보어는 수소 원자 스펙트럼이 발머(Johann Jakob Balmer, 1825~898)의 계산값에 매우 가까이 접근한다는 사실을 알게 되었다. 스위스의 한 여자학교의 수학교사였던 발머가 제시했던 4개의 숫자는 6,562.10, 4,860.74, 4340.10, 4101,20이었다. 이 발머의 숫자에 관해 리그던은 그의 저서 『수소로 읽는 현대과학사』에서 "이 숫자들은 결코 규칙적 배열된 모형을 가지거나 깔끔한 수학적이고 통계적 매력을 가진 숫자도 아니었다. 그러나 수소 원자를 대상으로 한 스펙트럼을 분석한 결과로 나타난 숫자들은 어떤 일괄적 값을 가질 수 있다는 것이 발머의 생각이었으며 스펙트럼 속에 나타난 파장의 규칙성을 찾아가는 것이 발머의 관심사였다."라고 말하고 있다.

발머가 1885년 얻어낸 수학적 규칙은 $\lambda=bm^2/m^2-n^2$라는 간단한 방정식으로 정리되었다. 여기서 λ는 파장(Å)이며 b는 수소 원자가 가지는 기본적 값으로 3,645.6Å이다. n은 정수인데 발머는 이 값을 2라는 정수로 선택했고, m값은 그보다 큰 값인 3, 4, 5, 6 가운데 하나를 선택하였다. 그의 계산값은 수소 원자의 스펙트럼 측정치와 놀랍도록 일치하였다.

보어는 자신이 제시한 수소 원자의 스펙트럼의 측정값과 발머가 제시한 수학적 규칙이 놀라울 정도로 일치하고 있다는 것을 발견함으로써 원자 내부에 숨은 수학적 질서가 존재함을 발견하고 크게 기뻐했다. 그 결과 '원자는 핵이 중앙에 있고 전자들이 행성처럼 정해진 궤도를 따라 핵의 주위를 돌고 있다'라는 그의 원자모델은 한동안 변할 수 없는 진리로 받아들여지게 되었다. 보어가 계산해 낸 원자의 반경 0.5Å이며 수소 원자의 크기 1Å이라고 주장하였다. 그러나 보어의 이론을 크게 수정한 과학자는 슈뢰딩거(Erwin Schrödinger, 1887~1961)였다. '슈뢰딩거의 고양이'라는 비유로 알려진 그의 파동 역학은 수소 원자의 구조를 설명하는 데 목적을 두고 있었다. 보어의 원자 모형에서 양자수는 양자조건을 통해 인위적으로 도입되었지만, 슈뢰딩거의 파동 역학에서는 그럴 필요가 없었다.

슈뢰딩거의 파동방정식에는 파동의 주체가 명확하게 명기되지 않았지만 막스 보른(Max Born, 1882~1970)에 의해 밝혀진 이 파동방정식의 주체는 ψ^2가 전자가 발견될 확률을 위치에 따라 표현한 함수라 정의하였다. ψ^2는 어떤 특정한 위치에서 최대치를 가지며 이 지점에서 전자가 발견될 확률이 가장 높다는 것을 의미하고 있다. 다시 말하면 수소 원자 속에 있는 전자는 대부분을 핵으로부터 일정한 거리가 떨어진 구의 껍질 부분에 가장 많은 시간을 머무른다는 것이다.

따라서 슈뢰딩거가 제시한 계산에 의하면 수소 원자는 중심핵으로부터 전자가 가장 많이 존재하는 곳을 중심핵으로부터 0.529Å이 되는 지점으로 보어가 계산해 낸 원자의 반경 0.5Å과 놀랍도록 일치할 뿐 아니라 실험으로 알려진 수소 원자의 크기 1Å과도 거의 일치하고 있다. 다시 말하면, 보어의 수소 모델은 전자가 핵으로부터 0.5Å의 거리인 지점에 있는 궤도를 따라 빛의 속도로 운동하고 있다면 슈뢰딩거의 전자는 자유 공간을 자유롭게 운동하고 있으나 핵으로부터 0.529Å되는 위치에서 발견될 확률이 가장 높다는 것이다. '정확한 거리와 발견될 확률' 이것이 그들의 차이점이다. 확률이란 과학자들의 정밀한 계산 결과를 설명하는 방법으로는 그리 매력적인 방법은 아니지만, 세상에서 가장 정확하게 설명되어야 할 원자의 세계를 정확도를 가름하기 어려운 사회 현상이나 설명하는 확률을 이용했다는 것은 과학의 아이러니가 아닐 수 없다. (표 '원자의 발견', 75쪽)

우리가 살아가는 거시적 세상은 모든 것이 연속적이다. 기차가 지나가고 항공기가 날아가고 사과가 떨어지는 일련의 과정은 속도와 그 운동량을 동시에 측정할 수 있는 만유인력의 세상이다. 그러나 양자세계로 들어가면 모든 것은 혼란스럽다. 왜냐하면 일상적인 경험에 익숙해진 우리에게 불연속(미시적)과 연속(거시적)의 성질은 거의 반대의 개념이기 때문이다.

미립자들의 운동은 양자역학에 의해 계산된 여러 개의 불연속적 진동수로 나뉘어 있다. 수소는 만물의 근본이며 과학의 실을 앞에서 인도하는 길잡이 같은 원소다. 1개의 핵과 1개의 전자가 그들이 가진 모든 것이지만 그들은 모두 수학으로 표현된 체계적 질서 속에 있다. 입자성과 파동성을 모두 가진 전자의 정체는 물리적 특성인 질량과 전하 그리고 스핀을 포함한 다양한 물리량을 가지고 있다. 훗날 누군가가 원자를 중심으로 한 과학의 모든 지식 기반이 완성됐다고 선언하더라도 수소는 여전히 무엇인가를 감춘 듯 안개 속으로 사라진 수줍은 처녀가 되어 그들을 유혹할 것이다.

지금까지의 경험으로 보아 과학자들은 아마도 안개 너머 그 길을 갈 것이다. 비록 그 길이 죽음에 이르는 길이라고 하더라도. 과학자들이 수소 원자로부터 새로운 정보를 얻고 있는 한 과학은 결코 완성되지도 끝나지도 않을 것이다. 과학자는 안개 속으로 숨어 버린 수소의 마지막 순간까지도 짝사랑하고 있기 때문이다.

[원자의 발견]

발견자	Dalton	Thomson	Rutherford	Bohr	Schrödiner
발견년도	1803	1897	1911	1913	1926
내용	깨어지지 않는 구형 물질	전자 발견	핵 발견	• 원자의 구조 • 전자는 핵으로부터 0.5A 거리의 원자궤도에 존재	• 원자의 구조 • 전자는 핵으로부터 0.529A의 위치에서 발견될 확률

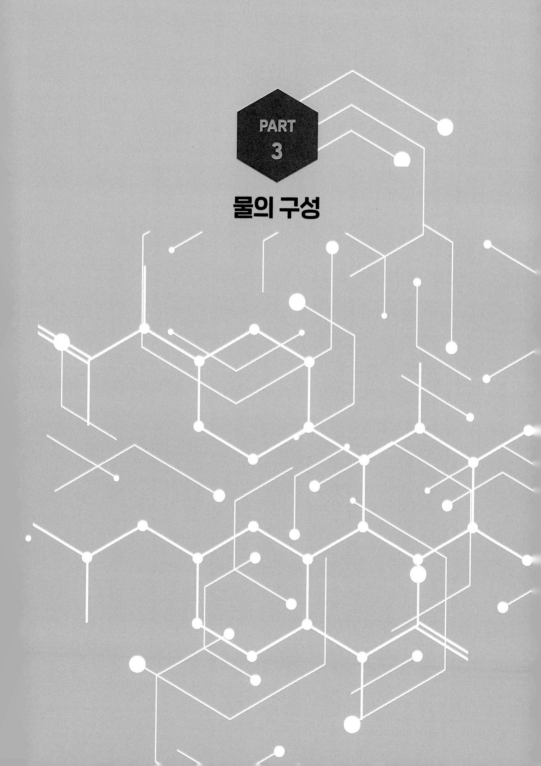

PART
3

물의 구성

3.1

유별난 물

우리는 긴 여정을 물의 원소 수소에 대해서 논의했다. 그것은 물의 원소를 이해하지 않고는 물을 논할 수 없기 때문이다. 이제 우리의 목적으로 들어가 보자.

물(H_2O, 분자량 : 18.02)의 물리적 성질은 분자량이 거의 비슷한 암모니아(NH_3 : 17.03)와 메탄(CH_4 : 16.04)과 같은 분자들과 매우 다르다. 그래서 물은 유별나다(unusual)고 한다. '유별나다'라는 형용사는 '색다르다, 보통이 아니다'와 같은 의미가 있다. 물은 지금까지 알려진 것만도 40종 이상의 보통의 물질이 갖는 일반적 성질에서 벗어난 '유별난 성질'을 가지고 있다. 물론 이 유별난 성질은 물이 물로 존재할 수 있는 가치이며 특성이다. 지금은 많은 것이 과학적으로 규명되었지만, 아직도 물의 특이성들에 관해 설명이 더 필요한 부분도 있다.

물질들이 가지는 물리적 성질은 일반적으로 어떤 기준에 따라 배열하면 대부분은 외삽법(extrapolation)으로 연결하여 그 선상에 놓여 미지의 물질이라도 그 성질이 예측할 수 있어 관찰자의 생각과 거의 일치하는 경우가 많다. 그러나 물은 여러 가지 측정치가 예상되는 값에서 항상 많이 벗어나 있다. 이러한 편차(벗어남)는 관찰자의 입장에서 보면 당혹스러운 결과로, 당연히 일반적이지 않다고 정의할 수 있다. 여기에는 항상 풀어야 할 숙제가 숨어 있기 때문이다.

그러나 많은 경우 자연의 질서는 일반적인 경우가 대부분이다. 외삽법에 잘 따르고 있는 자연현상 중에서 대표적 성질이 원자들의 주기성이다. 멘델레프(Mendeleev, D. I., 1834~1907)는 원자들의 주기율성을 발견한 화학자로서 그 당시(1868년)까지 알려진 63개의 원소를 무게(원자량)의 순서에 따라 배열하고 발견되지 않았던 원소들의 성질을 예측하였는데 훗날 새로운 원소가 발견되었을 때 측정한 실험적 결과와 예측했던 값의 편차가 거의 없다는 객관성을 세상에 내놓았다. 그가 그런 결과를 발표할 수 있었던 것은 그가 발표했던 원소들의 성질이 지극히 일반적이며 규칙적이었기 때문이었다.

멘델레프가 실험에 이용한 방법은 바로 외삽법에 의한 것으로 이 방법으로 새로운 물질의 성질을 예측할 수 있었다. 그는 그 당시까지 발견되지 않았던 원소로 주기율표에서 규소 바로 아래에 채워질 공간에 들어갈 원소를 에카-규소(Eka-Si)라 명하고 그 성질을 예언하였다. 그는 새로운 원소의 원자량을 72, 밀도를 5.5, 산화물의 밀도를 4.7로 예측하였다. 이 에카-규소는 1886년 독일 화학자 클레멘스 빙클러(Clemens Winkler, 1838~1904)에 의해 게르마늄(Ge, Germanium)이라는 원소로 발견되었고 원자량이 72.6, 밀도 5.46, 산화물밀도는 4.7로 측정되었다. 모든 것이 예상했던 대로였다. 이처럼 자연 현상은 하나의 질서에 의해 이어진 연결고리가 작동하고 있고 이것들을 수학적 방법으로 일반화 할 수 있다.

[Mendeleev가 예시한 Eka-Si와 Winkler가 발견한 Germanuim의 물성 비교]

element	원자량 Aw	밀도 density	산화물의 밀도 density of oxide MO$_2$
Eka-Si	72	5.5	4.7
Ge	72.6	5.46	4.7

그렇다면 물은 왜 이런 일반성을 보이지 않는 것일까? 이 질문의 답은 물의 구조와 그로부터 발생하는 전자들의 편재(polarized)에서 시작된다. 화학이란 하나의 전자가 열어가는 세상을 들여다보는 학문이다. 화학 결합은 어머니의 바느질과 같다. 두 헝겊 조각을 일정 거리만큼의 간격을 둔 다음 이 두 조각을 전자라는 양자의 실을 이용하여 꿰매어 서로를 연결하는 것이라고 할 수 있다. 이 과정에서 양자의 실 전자는 빛의 속도로 움직여 핵과 핵의 주위를 돌아 전자구름을 만들며 꿰매 버린다. 어머니는 양자의 실로 핵과 핵 주위를 잘 꿰매두었다. 그런데 여기에 핵력이 작용하기 시작하였다. 결합에 참여한 두 개의 아버지(핵) 중 어느 하나가 전자를 편애하고 있는 것이다. 전체 결합을 튼튼히 묶고 있어야 할 전자들은 자기들의 임무에서 벗어나 사랑을 보내는

아버지를 바라본다. 그들의 마음이 쏠리는 쪽으로 슬며시 이동하는 이른바 바람둥이 행각이 시작된다. 그렇게 되면 전자들이 어느 한 핵 쪽으로 치우쳐 둘 중 하나의 핵자 주위에는 전자가 핵자의 능력보다 많이 모이게 되고 상대 원자의 주위에는 빼앗긴 양만큼의 결핍이 나타나는 이른바 전자의 치우침 현상이 일어난다. 그 결과 결합이 가지는 전하는 둘로 나누어진다. 많이 가진 자(핵)와 덜 가진 자(핵) 사이에는 묘한 긴장감이 형성되는데 물의 경우 전자는 산소 쪽에 더 많이 모여 있다. 이렇게 되면 물을 구성하는 산소는 많은 전자로 뒤덮여 있고 수소는 상대적으로 전자 결핍에 놓이게 된다.

원소들이 가지고 있는 전자친화력(편애)은 전기 음성도라는 고윳값으로 결정된다. 산소는 그 값이 3.5이고 수소는 2.2이다. 그 결과, 물 분자를 구성하는 전자는 산소를 향하고 수소는 가졌던 전자마저 빼앗기는 신세가 된다. 아쉽지만 이것이 물의 질서이며 운명이다. "누구든지 가진 자는 더 받아 넉넉해지고, 가진 것이 없는 자는 가진 것마저 빼앗길 것이다.(마태25.29)"라는 성경의 기록처럼 물에서 가진 자는 산소이며 수소는 빼앗긴 자가 된다.

이 결과 산소는 자신이 가진 능력보다 더 많은 전자를 소유하게 되고 상대적으로 수소는 전자를 산소에게 빼앗겨 구중심처에 숨겨둔 핵 전하보다 더 적은 전하를 띠게 된다. 핵을 지켜야 할 병정들이 사라져 버린 것이다. 이 상태가 그대로 유지된다면 실로 불안하기 짝이 없는 상황에 이르게 된다. 따라서 그들은 이 상황을 보완하지 않으면 물로서 행세할 수가 없다.

3.2

양다리 작전

물은 이 불안정한 상태를 보완하기 위해 분자 간에 연합을 선택한다. 그 시작은 그들이 처한 상황을 이용하는 것에서부터이다. 물 분자의 구성에서 산소는 수소로부터 당겨온 잉여 전자만큼이 염기(δ-)로 작용하고 수소는 빼앗긴 것만큼이 산성(δ+)을 띠게 된다. 그 정도가 심해지면 산(+)과 염기(-)로 해리되겠지만 물의 경우는 그 정도의 극단적 상태까지는 이르지 않는다. 그리고 한 분자 안에서 이 두 가지 성질을 모두 가지는 상태를 형성한다. $H^{\delta+}O^{2\delta-}H^{\delta+}$로 정성적으로 표현되는 상황이 물의 상태다. 그런데 그 능력이 크기가 비슷한 다른 분자들보다 더 강하다는 것이 물을 유별나게 만드는 원인이 된다. 그 연합은 물의 산소와 인접한 물 분자의 수소 사이에 일어나 두 분자가 마치 하나의 물 분자처럼 행동하고 그것은 다시 또 다른 분자와 연결하는 연쇄적인 방법으로 진행된다.

현재 과학은 이것과 관련된 많은 것을 규명해 놓고 있다. 미립자 즉 양자의 세상에서도 가진 자는 더 거느리려고 하고 빼앗긴 자는 더 빼앗기는 논리가 그대로 적용되고 있다니 만류인력의 세상에 사는 우리의 삶이 가진 자의 논리로 이어지는 자연의 섭리를 과학으로 들여다보아야 하나? 하는 창조주의 지혜에 놀라울 따름이다.

　　수소 결합은 화학결합이 아니다. 그들 사이에는 섞임이 없기 때문이다. 물 분자 사이의 수소 결합은 오직 서로를 향한 물리량에 의한 끌림(interaction)일 뿐이다. 그러나 분자와 분자 사이에서 빼앗고 빼앗기는 자들의 지혜는 대단하다. 빼앗겨 본 자만 아는 지혜다. 작고 가진 것이 거의 없는 수소는 크고 단단한 원자들 사이에서 양다리 전략이라는 새로운 계략을 세상에 내놓았다. 한때는 바람기 많은 난봉꾼처럼 이곳저곳을 옮겨 다녔지만, 그의 양다리 전략은 수소이기 때문에 가능한 기구다. 물 분자의 산소가 중심이 되는 분자의 환경에서 수소 중심으로 옮겨간 것이다. 'H-O … H-O' 이것은 물 분자가 수소 결합(hydrogen bond)이라는 방법으로 큰 크기의 물의 집단을 만드는 과정이다. 여기서 물의 집단이라는 표현은 물의 구성 중에 점선 부분이 포함되어 있기 때문이다. 이것은 결합이 아니라 끌림이라는 물리현상이다. 한쪽은 결합(실선)으로 다른 한쪽은 물리적 힘으로(점선) 결합하여 두 개의 분자를 연결하면 두 분자가 마치 한 분자와 같이 행동할 수 있다. 이런 현상이 물의 여러 분자를 통해 계속 연결하면 물은 커다란 분자로 성장할 수 있다.

　　물은 화학 결합을 통해 H_2O라는 화학식으로 세상에 왔다. 만약 이 물 분자가 단분자로 존재한다면 메탄(비점: -161.2℃)보다 가벼워 지상에는 단 한 분자도 남아있지 않았을 것이다. 그러나 그런 현상은 수소의 양다리 전략으로 비점이 지상에서 일백 도나 되는 물의 성질로 나타나는 분자들의 집단으로 성장해버렸다. 수소는 전자를 산소에게 빼앗겼고 그 빼앗긴 빈터를 비워두어 그곳을 노리는 이웃들의 물리적 참여를 유도하고 있다. 그리하여 -O-H…O-와 같은 결합을 만들었다. 이 구조에서 중앙에 놓인 수소의 구성을 보면 두 개의 결합이 수소와 연결된 이른바 양다리 결합이다. 이 양다리 결합에서 수소는 전자 4개가 참여한 결합 같은 형식을 취하지만 이런 형태의 결합은 만들 수 없다. 불가능한 일이다. 수소는 전자를 가질 수 있는 방이 하나뿐인 물질이기 때문이다. 그런데도 이런 표현을 쓰는 것은 수소 주위에는 2개의 전자만 세 원자(-O-H...O-)의 사이에 존재한다는 계략이 숨어 있기 때문이다. 이것이 3c2e(3-centered 2-electron bond)법칙이다. 이 법칙에서 -O-H결합 속의 전자는 큰 전기음성도를 가진 산소 쪽으로 이미 빼앗겼고 그 빈자리를 가만히 지켜보던 다른 분자에서 산소의 비공유 전자쌍이 치고 들어와 외곽을 점령해 버린 것이다. 두 개의 전자는 힘 있는 자에 의해 빼앗겼고 그 빈 공간을 쳐들어온 2개의 전자가 주인처럼 행세하고 있다. 그 결과 2개의 전자만이 수소 결합에 형식 전하로 남아 있다. 두 개의 공유 결합 전자는 산소 쪽으로 이동해 가고 두 개의 전자는 울타리 밖에서 추파를 던지고 있는 모습이다. 그 추파가 물을 구성하는 원동력이며 수소 결합에서 수소의 공간은 그저 전자들의 놀이터로 제공되었을 뿐이다.

화학 결합은 원자와 원자 사이를 분자 궤도 함수에 의해서 깔끔하게 정리하고 있는 것이 일반적이다. 그러나 물은 수소를 통해 양쪽의 분자를 연결해주는 물리적 힘에 의해 연결되어 긴 사슬을 형성하고 있다. 양다리를 걸치고 산다는 것은 인생살이도 고달프지만, 화학에서도 마찬가지다. 이 양다리 결합은 화학적 결합이 아니다. 여기 점선 부분은 두 핵 사이에 전자의 교류가 없기 때문이다. 그러면 왜 이것을 수소 결합이라는 용어를 선택하여 쓰고 있을까? 이것은 점선으로 표현된 수소와 산소 (-H...O-) 사이는 전자 교류가 없는 물리적 힘이지만 그 힘이 거의 분자 궤도 함수의 겹침에 버금가는 능력을 갖추고 있기 때문이다. 그 결과는 물질의 물리적 성질에 영향을 크게 미치게 되는데 물의 경우가 다른 물질에 비해 그 정도가 크다는 것을 의미하고 있다. 따라서 물의 물성은 물 분자 하나의 성질이 아니다. 이들의 연합이 나타내는 물성으로 외삽법에 의해서는 나타날 수 없는 '유별난 성질'이다. 그렇다면 "왜 이런 문제가 발생하는 것일까?"라는 질문에 "수소 결합과 화학 결합의 차이는 무엇인가?"라는 근본적인 질문으로 답할 수 있다.

3.3

쌓임의 힘-격자에너지

회학에시 밀 하는 결합에는 두 가지가 있다. 그 하나는 공유 결합 (covalent bond)이라고 하고 다른 하나는 이온 결합(ionic bond)이라고 하는 형태가 바로 그것이다. 배위 결합(coordinated bond)도 있지만, 이 것은 공유 결합의 한 부분일 뿐이다. 여기서 이온 결합은 엄밀하게 말 하면 '결합'이라고 말 할 수 없다. 왜냐하면 이들은 전자를 다른 원자나 조각 사이에서 줄 것은 확실하게 주고, 받을 것은 확실히 받아, 둘 사이 에는 이미 계산이 끝난 상태에 있기 때문이다. 그리하여 이들은 양성 자(+)와 전자(-)로 나누어져 서로가 공유하고 있는 재산이 없다. 이들은 서로 하나 이상의 전자를 공유하여 분자를 이루는 것이 아니라 격자 에너지(lattice energy)라고 하는 물리적 힘으로 서로를 묶어둔 이른바 자석에 의한 쇠붙이들의 배향과 거의 비슷한 형태를 가지기 때문이다.

이온 결합은 결합을 이루는 두 개의 이온 중 둘 사이에 존재해야 할 전자를 힘센 쪽으로 아예 빼앗겨 핵자를 가려주던 전자가 사라져 그 핵자는 양의 성질을 뚜렷하게 나타내며 그 파트너가 되는 이온은 전자를 파트너로부터 빼앗아 핵자는 자신이 가진 능력보다 더 많은 음의 성질을 느끼게 된다. 이렇게 되면 양의 성질을 가진 부분과 음의 성질을 가진 부분은 서로 독립적으로 존재하게 되나 서로의 부족함을 채우기 위해 물리적으로 서로 묶이게 된다. 이 격자에너지에 의해서 형성되는 고체물질들은 이온들의 크기에 의해서 구조가 결정된다. 이들 사이에는 분자 궤도 함수의 겹침 같은 것은 없다. 오직 전자들의 교류가 없는 물리적 힘만이 둘 사이에 존재하고 있다. 울타리 밖의 끌림에 해당하는 결합이 이온 결합이다. 이들을 묶어주는 공간적 에너지를 격자에너지(lattice energy)라고 한다.

따라서 이 두 이온은 화학적으로 각각 독립적이다. 이처럼 분자궤도의 겹침이 없는 결합의 형태를 화학 결합으로 정의할 수는 없다. 그러나 이온 결합이 이런 애매함에도 불구하고 이것들의 형성 과정을 살펴보면 이온 결합은 먼저 두 개의 원자들이 모여 결합을 이루는 과정에서부터 출발하여 전자를 주고받는 과정을 경유하게 된다. 이것은 명확한 화학적 과정이다. 이온 결합을 분자 궤도 함수의 겹침은 없지만 화학 결합으로 보는 견해는 바로 여기에 있다. 아마도 이혼한 공유 결합의 갈라선 파트너들을 이온이라고 정의하면 될 것이다. 그들은 양이온과 음이온이라는 뚜렷한 정체성을 가지고 있다. 그리고 맹세한다. 다시는 섞이지 않으리라! 그리고는 벽을 쌓아 입체 구조를 형성함으로써 매우 단단한 형태의 고체 구조물을 만들어 버린다. 그런데 세상에 존재하는 많은 물질은 위에서 정의한 완전한 이온 결합 혹은 완전한 공유 결합도 있지만 그 중간적 성질을 가지는 것도 많다. 이른바 이온성 공유 결합 혹은 공유성 이온 결합이 그것이다.

대표적 이온 결합으로 소금(NaCl)의 형성 과정을 보면 금속 나트륨(주기율표에서 11번째 원소; ^{11}Na)은 불안정한 물질로, 안전을 담보하려면 우선 자신이 가진 열한 번째 전자는 버리고 같은 주기에 속한 네온(10번 원소)과 같은 전자 구조를 가져야 한다. 그 결과는 나트륨 이온(Na^+)이 된다. 한편 아르곤(Ar; 18번째 원자)보다 하나가 적은 전자를 가진 염소(Cl; 17번째 원소)는 나트륨이 안정화 과정에서 버린 하나의 전자를 얻어 염소 이온(Cl^-)으로 안정화된다. 대부분의 이온 결합을 이루는 이온들은 모두 비활성인 8족 원자에 가까이 있는 것일수록 쉽게 형성된다. 따라서 주기율표에서 1, 2족과 6, 7족이 이루는 화합물이 이온 결합을 형성하기가 쉽다. 두 원자의 전기음성도의 차이가 크면 클수록 이온 결합에 가까워진다.

이온 결합으로 이루어진 화합물들은 격자 에너지(lattice energy)로 서로를 지탱하고 있어 매우 단단한 고체를 형성한다. 이것은 양이온과 음이온이 서로 교차하여 배열한 형태로 이온들의 크기와 구조는 밀접한 관련성을 보인다. 예를 들면 소금의 경우 하나의 이온 주위에 6개의 다른 이온이 배향한 정육면체로 매우 단단한 구조를 만들 수 있다. 그러나 소금과 같은 이온 결합 화합물은 쉽게 부서지는 경향성을 보이는데 그것은 소금결정이 성장하는 과정에서 발생하는 구조적 결함에 의한 것으로 양이온-양이온의 배향이나 음이온-음이온의 배향을 만나게 되어 일어나는 척력에 의해 일어나는 현상이다. 그에 반해 암염의 경우는 바위처럼 단단하다. 왜냐하면 암염은 오랫동안 지하에서 높은 압력과 열에 의해 소금의 구조 결함이 거의 완벽하게 보완되었기 때문이다. 따라서 암염은 돌과 같다.

3.4

공유결합-섞임

이온 결합보다 보편적이며 완선한 결합형은 역시 공유 결합이다. 이 것은 두 원자나 반응기들 사이에 공유된 전자쌍에 의해서 형성되며 모 든 화합물은 이를 통해 만들어진다. 공유 결합은 유기 혹은 무기 화합 물을 통해 나타나고 있는 가장 흔한 결합형이다. 물 분자를 만드는 방 법 또한 공유 결합을 통해서 이루어진다.

세상에서 가장 간단한 공유결합은 수소 분자(H_2)이다. 2개의 수소 원 자가 만나 수소 분자가 되려면 먼저 원자 궤도 함수가 겹쳐 만든 분자 궤도 함수가 있어야 한다. 분자궤도함수는 원자궤도함수의 모든 것을 그 안에 품는다. 결합이란 물이 흐르듯 원자에서 분자로 가는 길이다. 그 길은 자발적이며 엔트로피의 증가로 이어지는 자연현상이다.

수소 분자를 이루는 전자는 대부분이 수소 원자와 원자 사이에 존재함으로써 H:H 혹은 H-H로 표현하고 있다. 이 표현은 루이스(Lewis)적 표현으로 수소의 완전한 전자 상태를 나타내는 것은 아니지만 수소 분자의 전자적 상태를 나타내는 최선의 방법으로 모든 교과서에서 현재까지도 사용하고 있다.

염소 분자(Cl_2)의 경우는 2개의 염소 원자에서 공유된 하나의 전자 쌍에 의해서 분자가 형성되고 불활성 기체인 아르곤(Ar)과 같은 전자의 배향과 구조를 가지게 되어 염소의 원자 상태보다 안정화된다. 염소 분자의 화학식은 Cl:Cl 혹은 Cl-Cl로 표현된다. 산소(O_2)의 경우 같은 방법에 의해 이원자 분자를 만들 경우 4개의 전자가 산소 원자와 산소 원자 사이에 존재하게 되어 2개의 오비탈에 각각 2개씩의 전자를 공유하여 이중으로 결합하는 O::O 혹은 O=O로 표현되는 화합물을 형성한다.

그러나 산소 분자는 자연에 존재할 때는 단일 결합과 라디칼(radical)이라는 반응성이 매우 높은 형태의 분자로 존재하여 여러 가지 화합물들을 쉽게 만드는 기능을 가지고 있다. 공기 중에서 탄소를 태워 탄산가스를 형성하는 성질이 바로 여기에서 나온다. 질소의 이원자 분자의 경우 3개의 분자 궤도 함수의 겹침에 의해 N:::N 혹은 N≡N과 같이 표현되는 삼중 결합으로 존재하며 이 결합은 대단히 튼튼하여 쉽게 다른 원소와 결합하지 않는 경향성을 가진다.

공기 중에서 탄소를 태울 때 질소산화물(NO, NO_2)이 형성되지 않는 이유도 질소의 튼튼한 분자궤도에 원인이 있다. 염소 분자의 경우 하나씩의 분자 궤도 함수를 이용해 형성된 물질로 선상구조를 갖는다면 산소의 경우 2개의 분자 궤도 함수를 이용해 분자를 만들어 이중 결합을 이루는 평면 구조를 가진다. 3개의 오비탈에 의해 형성된 질소의 경우 삼중 결합을 하고 있어 선상 구조를 형성한다. 물론 이 세 가지 예는 전자들의 배향만 고려할 때 그렇다는 것이다.

그렇다면 성격이 다른 두 원자가 결합하여 분자를 이루는 경우를 생각해보자. 수소(H)와 염소(Cl)가 반응하여 염화수소(HCl)를 만드는 경우를 살펴보자. 먼저 수소는 하나의 전자가 전 재산이다. 하나의 전자를 염소 앞에 두면 염소는 그가 가진 일곱 개의 전자에 하나가 더하여 여덟이 되는 안정화의 길을 택하여 안정화되고 수소는 두 개의 전자를 가지게 되어 안정화된다. 이렇게 만들어진 염화수소는 그 전자의 치우침이 극심해진다. 그것은 서로 전자를 끌어당기는 능력이 다르기 때문이다. 수소는 거의 전자껍질의 영향을 받지 못하지만, 염소는 풍요를 누리게 된다. 염화수소는 전자의 편재현상으로 지극히 불안한 공유결합이다. 자연에 존재하는 모든 분자는 전자의 편재가 없는 분자와 그 편재현상이 지극히 큰 분자 사이에 존재하고 있다.

만남과 헤어짐

　공유 결합은 다시 두 가지로 나누어지는데 화합물을 형성할 때 전자들이 결합에 참여하는 방향에 따라 공유 결합(covalent bonding)과 배위 결합(coordinated bonding)으로 나누어진다. 공유 결합의 경우 결합에 참여하는 전자가 결합에 참여한 두 원자에서 하나씩 공평하게 제공되어 공유 전자쌍을 형성하여 결합을 형성한다면, 배위 결합의 경우는 분자를 형성하는 공유 전자쌍을 어느 한 파트너가 모두 제공하고 한 파트너는 전자쌍을 받기만 하는 경우를 말하고 있다. 이 경우 전자를 주는 쪽은 염기이며, 전자를 받는 쪽은 산의 영역에 속한다.

　산과 염기의 반응으로 설명할 수 있는 배위 결합은 유기물에서도 존재하지만 주로 유기금속화합물(organometallic)들의 형성 과정에서 금속과 유기 반응기 사이에서 일어나는 경우가 많다. 여기서 금속 이온은 산으로 유기 반응기는 염기로 작용하는 것이 일반적이다.

산과 염기의 반응은 분자의 세상에서 일어나는 사랑싸움이라고 정의해도 그리 생소하지 않을 것이다. 이것은 거시 세상에서 일어나는 생물들의 사랑싸움과 비슷하기 때문이다. 수놈이 암놈을 찾아 헤매듯 염기는 자기와 잘 맞는 산을 찾아 양자의 세상을 배회하는 방랑자들이다. 산과 염기가 만나면 그들은 착물(complex)이라는 새로운 화합물을 만드는데, 앞에서 언급한 배위 결합을 만드는 방법을 이용하고 있다.

착물은 공유 결합 화합물보다는 열화학적 안정도가 떨어져 적당한 조건이 주어지면 다시 해리해 버리는 특성이 있다. 해리되어 떠나는 염기들은 마치 주인에게 쫓겨난 첩의 신세가 그럴 것이다. 그리고 그 자리는 힘이 좀 센 다른 첩이 와서 점령해 버린다. 착물을 이루는 양자의 세상에서는 이 과정이 세속하여 되풀이되고 시간이 지나면 평형에 이르게 된다. 평형 상태에서도 이들의 떠남과 채워짐(혹은 만남과 이별)은 계속되고 그 사이를 노린 힘센 놈이 쳐들어오면 원래 있던 첩들은 몽탕 보따리를 싸야 한다. 그리고는 새로운 질서에 의해 새로운 배위 결합이 형성된다.

이러한 현상을 킬레이트 효과(Chelate effect)라 하는데 염기의 교환은 가장 강력한 능력을 갖춘 것이 올 때까지 계속된다. 이것은 자유에너지가 감소하는 현상으로 자발적으로 엔트로피의 증가를 가져오는 에너지의 계곡을 따라 만남과 떠남이 계속되는 질서에 해당한다. 이 과정에서 중심 원자가 배위 할 수 있는 전자의 수는 18개다. 따라서 주양자수가 3 이상인 원자의 경우에 주로 적용되는 규칙이며 엔트로피의 증가는 필수이며 자발적 현상이다.

이 착물효과는 거시세계에서도 자주 볼 수 있는데 우리 연근해의 적조를 막기 위해 황토를 바다에 뿌리는 것이나 생선회나 대구탕을 먹을 때 사용하는 식초 성분의 첨가물이 바로 그것이다. 생선회를 먹을 때 쓰는 식초 성분의 첨가물에는 산이 당연하게 함유되어 있고 생선탕에는 질소 성분의 아민이 냄새를 풍기고 있다. 산과 염기성인 질소 성분이 만나면 착물이 형성되는데 이것은 대부분 물에 녹지 않는다. 따라서 냄새가 사라짐으로 맛이 향상되는 것이다. 여기서 자극성 냄새를 가진 식초는 산의 역할을 하고 질소가 포함된 비린 냄새를 풍기는 아민(amine) 좋은 염기의 역할을 한다. 이렇게 냄새를 피우는 서로 다른 둘이 만나면 더 이상 냄새를 풍기지 못하는 안전한 염이 되어 바닥에 가라앉고 음식 맛은 향상된다.

적조는 바다에 유해성 플랑크톤이 대량 번식하여 집적(集積)하므로, 바다의 색깔이 붉게 변하고 어패류가 빈산소증(貧酸素症)으로 죽어가는 현상을 말한다. 그 피해를 막기 위해서 바다에 황토를 살포하는 것은 의미 있는 화학적 방법이다. 황토의 붉은 산화철은 산성을 띠는 화합물이다. 이 산화물들이 질소 성분을 만나면 즉시 착물을 형성하고 무거워진 착물은 서서히 바다의 바닥에 가라앉는다. 적조가 사라지는 현상이다.

그런데 서로 끌리는 이 과정은 이 경우 8전자 규칙을 따르지 않고 18전자 규칙이라는 새로운 규칙을 따르게 된다. 혹은 18전자 규칙과는 상관없이 전자를 섞지 않고 서로 끌리는 성질만을 가질 수도 있다. 이 경우를 화학적 힘이라고 한다. 이렇게 산화철과 적조생물 사이에 결합 혹은 서로 끌어당기는 화학적 힘이 발생하여 1개의 개체를 이루게 되고 이 적조생물에 둘러싸인 황토 성분의 미립자는 무게를 이기지 못해 서서히 물 아래로 가라앉게 된다.

물질들은 순수한 공유 결합과 이온 결합으로 존재하기도 하지만 많은 화합물은 그 중간적 위치에 있는 경우가 많다. 이런 화합물을 구성하는 전자들은 한쪽으로 치우치는 편극현상을 나타냄으로써 물질계에서 다양한 성질들을 나타내게 된다. 분자들이 나타내는 편극화에 의한 물리적 성질은 분자 하나하나의 성질을 따르지 않고 물질의 집단이 나타내는 성질이기 때문에 예상하는 값에서 많이 벗어나는 경우가 발생한다. 물의 경우 전자의 치우침이 비교적 두드러져 특히 그러하다. 편극화가 이루어진 물질들은 대부분 이것을 교란하는 물질이 첨가되면 쉽게 다른 물질과 반응하는 경향성을 가지고 있어 화학반응에서 가장 많이 고려되는 성질 중의 하나다.

3.6

정사면체 구조

　물의 입체적 구조는 정사면체(tetrahedral)로 접근하면 가장 빠르게 이해할 수 있다. 정사면체의 정중앙의 무게중심에 산소를 배향하고 4개의 꼭짓점 중 두 개에는 수소 원자를 배향하고 두 개의 꼭짓점에는 비공유 전자쌍(lone pair; unshared electron pair)을 각각 배향하고 있는 구조가 물이다.

　따라서 H-O-H의 결합각은 109°가 되어야 하지만 물 분자는 비공유 전자쌍의 영향으로 104°의 결합각을 가진다. 104°의 효과가 발생하는 원인은 결합에 참여하지 않고 놀고 있는 전자쌍(비공유 전자쌍)이 더 넓은 공간을 가지려면 자신에게 분배된 공간을 더 가져야 한다. 놀기 위해서는 더 많은 공간이 필요하기 때문이다. 따라서 일하고 있는 공간을 점유하여 결합각을 줄이게 된다. 여기서 말하는 비공유 전자쌍은 물을 형성하는 두 수소 원자와 공유되지 않고 산소에만 속해 있는 전자쌍이다. 이 두 개의 전자쌍은 물의 유별난 성질을 만드는 역할을 강하게 하는 인자들이다. 비공유 전자쌍들의 영향에 의해 형성되는 물의 구조는 두 개의 전자쌍 중 어느 하나가 인접한 물 분자의 수소와 수소 결합을 형성하면 그것은 다시 인접한 물 분자와 수소 결합을 형성하는 이른바 연쇄 반응으로 계속 진행하여 하나의 커다란 물의 덩어리로 진화하게 된다.

이 현상은 여러 개의 분자가 약하지만 하나의 사슬로 연결되는 폴리머와 같은 구조를 가진다고 설명할 수 있다. 물론 물이 폴리머라고 말하는 것은 아니다. 물은 여러 개의 분자가 수소결합을 통해 연결된 집단이다. 이들의 결합은 화학결합이 아니다. 이른바 느슨하게 손을 내밀어 잡고 있는 물리 상태라고 할 수 있다. 이들은 언젠가 손을 놓으면 '쉽게 헤어질 수 있는 관계'다.

이 관계가 수소 결합이다. 이들은 전적으로 분자의 구성과 환경에서 크게 영향을 받고 있다. 따라서 물 한 컵 속에 들어 있는 모든 물 분자는 하나의 일관된 질서 즉 물의 공유성과 수소 결합이라는 질서로 묶여 있다. 따라서 물이 나타내는 물리적 성질은 물 분자 하나하나의 것이 아니다. 그것은 물을 묶고 있는 수소 결합으로 연결된 물질이 나타내는 성질이 된다. 물의 물성은 이런 집단성(collectivity)에서 나온다. 액체로서의 물은 여러 번 언급된 바와 같이 수소 결합을 통해 서로 응집하려는 성질이 매우 강한 물질이다. 이 응집성은 모든 분자가 가진 일반적인 성질에 속하지만 물은 다른 분자와 비교하여 이 성질이 강한 것이 문제다. 이 강함은 물 분자를 구성하고 있는 수소와 산소의 비정상적인 크기의 차이와 비교적 큰 전기음성도의 차이가 만들어 낸 결과다.

고체로서의 물, 즉 얼음은 수소 결합을 통해 물 위에 뜨는 능력을 가진다. 그 능력은 물의 수소 결합에서 유래된 성질이다. 물의 구조는 정사면체(tetrahedral)로 두 꼭짓점은 수소가 점령하고 있고, 다른 두 개의 꼭짓점은 비어 있다. 문제는 비어 있는 두 개의 꼭짓점 중의 하나가 이웃한 분자의 수소가 관심을 두고 접근해 오는 것이다. 이렇게 2개의 분자가 만나면 1개의 분자처럼 행동하지만, 이들은 주위의 또 다른 물 분자에 의해 도전받고 빼앗기고 뺏는 과정이 반복된다. 그러나 이러한 행동거지는 액체와 기체의 경우에 가능하지만, 온도를 낮추어 분자들의 배열이 더 촘촘해지면 온도와 구조의 상관관계가 복잡해진다. 물은 온도를 낮추면 4℃까지는 밀도가 증가하는 일반적인 성질을 나타낸다. 그러나 4℃에서부터 물이 얼어붙는 0℃까지 물은 점진적으로 밀도가 감소한다. 고체 구조로의 전환이 시작된 것이다. 온도가 0℃에 이르면 밀도의 감소가 최대치에 이르러 가장 가벼워진다. 그 결과 얼음은 4℃의 물보다 더 넓은 공간으로 배향하여 정지해 버린다.

예를 들어보자. 처음으로 군에 입대하면 제일 먼저 배우고 익히는 것이 제식훈련이다. 이것은 군의 입장에서 봤을 때 무질서하게 자란 청년들을 집단의 질서를 수용할 수 있는 배열로 변화시키는 훈련으로 무질서하게 흩어져 있을 때보다 일정한 거리로 정돈된 구조를 가지게 되면 더 넓은 면적이 필요하게 된다는 것을 인식시키는 과정이다.

액체로서 물은 삼차원 공간에서 자유롭다. 그러나 고체가 되면 이차원의 방향성을 가지게 된다. 물은 4℃부터 방향성이 나타나며 움직임이 둔화되고, 고체가 되면 물은 그 방향에서 멈추게 된다. 물의 정사면체는 두 꼭짓점은 비어있고 그 빈자리는 부피의 팽창하는 원인이 된다. 물이 네팔을 펼치면 정돈된 구조로 배열한 얼음은 팽창하여 물보다 가벼워진다. 이것이 얼음이 물 위에 뜨게 되는 이유다.

이 현상은 자연의 축복이다. 온도가 감소할 때 부피가 줄어드는 것은 물질들의 일반적 성질이지만 부피가 증가하는 현상은 물이 유일하다. 만약 그 반대였다면 아마 지구는 얼음덩어리가 되어 생명체가 살기에 부적합한 공간이 되었을 것이다.

3.7

전기 음성도

여기서 말하는 전기음성도(electronegativity)란 원자를 구성하고 있는 전자가 중심에 놓여있는 핵과의 어떤 유대 관계를 유지하고 있는지를 설명하는 지표이며, 모든 원자가 가지고 있는 고윳값이다. 예를 들면 원자량 1.008의 수소 원자는 2.20이라는 전기음성도의 값을 가지며, 산소는 3.50을 가진다. 전기음성도가 가장 작은 프란슘(Fr)은 0.86의 값을 가지며, 전기음성도가 가장 큰 불소(F)는 4.01이다. 공유 결합은 이 차이가 비교적 적은 원자들 사이에서 만들어진 결합으로 두 핵사이에 형성된 분자 궤도에 전자가 머물러 있을 때를 말하며 그 사이의 차이가 벌어져서 전자를 서로 공유할 수 없는 경우가 되면 분자 궤도에 머물던 전자는 전기음성도가 큰 쪽으로 이동하게 되고 두 원자는 결국 양이온과 음이온으로 나누어져 이온 결합이 되고 만다.

물을 구성하고 있는 수소와 산소의 전기음성도의 차이가 1.20으로 공유 결합을 유지할 수 있는 범위에 속하지만, 그 차이는 비교적 큰 편이다. 탄소와 수소로만 이루어진 탄화수소 화합물의 경우 전기음성도의 차이가 0.4로 이상적인 공유 결합을 형성할 수가 있다. 따라서 수소 2개와 산소 1개가 모여 만든 물은 전자들의 치우침 현상은 탄소와 수소 사이의 전기음성도의 3배로 그 기울어짐이 두드러지게 나타날 것이라는 것을 이 수치만으로도 예측할 수 있다.

물은 분자를 구성하는 전자가 수소보다는 산소 쪽에 더 치우쳐 있음을 앞에서도 언급한 바 있지만, 이것은 수소보다 산소가 더 큰 전기음성도를 가지고 있기 때문이다. 따라서 산소는 자신이 가지고 있던 전하와 수소로부터 빨려 들어오는 전자에 의해 음의 성질이 강화된다. 그와는 반대로 수소는 산소 쪽으로 전자를 잃었기 때문에 전자의 결핍 현상이 두드러지게 나타난다. 물 분자는 이처럼 한 분자 안에 두드러진 두 가지의 성질을 가지게 되는데 이것을 쌍극자(dipole) 현상이라고 한다.

쌍극자란 분자 안에서 양의 전하와 음의 전하가 일정 거리만큼 떨어져 있을 때 나타나는 전하의 배열을 말하고 있다. 이 현상을 가진 분자들은 대부분 그들의 불완전함을 채우기 위해 이웃해 있는 분자의 양의 성질과 음의 성질을 이용하여 서로 연합하려는 성질을 나타내게 되는데 이 성질은 분자를 결합하는 화학적(chemical)인 힘이 아닌 물리적(physical)인 힘으로 분자들이 가지런히 배열하는 현상으로 나타난다. 그 결과는 2개 이상의 분자가 환상(ring) 구조를 만드는 경우도 있고 긴 사슬(chain) 모양을 만드는 경우도 있다. 물의 경우 이 두 가지

어느 화학 교수의 강의노트-1 물

현상을 모두 가지고 있으며 이 성질이 물에서는 다른 분자들보다 유별나게 크게 나타나고 있다. 그 바탕엔 전기음성도라는 기본적 질서가 자리하고 있다.

2개의 입자가 한 공간에 있으면 그들 사이에는 간섭(interference)이 나타난다. 이웃해 있는 입자를 집적거려 보는 것이다. 그러면 그들은 어떤 형태로든 반응을 보이게 되어 있다. 어떤 입자, 그것이 분자이건 나노 입자이건 아니면 먼지처럼 눈에 보이는 거시적 존재이건 혹은 그들이 모두 섞여 있는 집단이건 대부분 입자의 표면은 내부 전자의 활동에서 발생하는 크고 작은 전하의 편재를 가지고 있다. 어느 한 쪽이 양극으로 발전되면 그 반대가 되는 쪽은 음극으로 작용한다. 이것은 약한 정전기적 힘이지만 분자들 사이에는 항상 미묘한 갈등을 일으키기에 충분한 힘이다. 이것을 화학적 힘(chemical force)이라고 표현한다.

3.8

화학적 힘(force)과 화학적 결합(bonding)

화힉직 힘(chemical force)이란 화학 결합(chemical bond)과 달리 두 기능기 사이에 존재하는 상호작용에 의해 나타나는 물리력이다. 이 현상은 크고 작은 모든 입자에 모두 나타나며 그 무게 혹은 모양에서도 영향을 받으며 일반적인 분자의 경우 분자량이 클수록 증가하고 같은 분자량일 때는 표면적이 큰 분자일수록 커지는 경향성을 갖는다.

화학적 힘으로 가장 잘 알려진 것은 '반 데어 발스 힘(van der Waals force)'과 '런던 힘(London force)'이 있다. '반 데어 발스 힘(van der Waals force)'은 고유한 쌍극자 모멘트(induced dipole moment)가 있는 물질 사이에 작용하는 힘을 말하며, '런던 힘(London force)'은 유도된 쌍극자 모멘트에 의해 발생하는 힘을 말하고 있기 때문에 이 둘 사이를 구분 지을 수 있다. 엄밀하게 말해 수소 결합도 하나의 반 데어 발스 힘에 의한 것이라고 할 수 있다.

유도된 화학적 힘이란 하나에 의해서 다른 하나가 재배열하는 형식의 자연현상을 말하고 있다. 예를 들면 기체 헬륨의 경우는 극성을 나타내지 않는 완벽한 원자이지만 온도를 낮추어주면 액화(-268℃)되고 그들도 일정한 용기에 담기게 된다. 헬륨은 둥글고 완전하여 전자의 치우침과 같은 현상은 없다. 만약 액화된 낮은 온도에서 헬륨 원자 1개의 내부 전자들이 이웃해 있는 헬륨에 의해 전자들이 한쪽으로 쏠리게 되면 순간적이기는 하지만 쌍극자의 발생이 가능해진다. 여기에 배향하는 두 번째 헬륨은 첫 번째 헬륨의 배향을 따르게 된다. 즉 양극과 음극이 순간적으로 나타나 그 배향대로 원자들이 정돈하게 된다. 그들 사이에서는 끝없는 유도쌍극자현상(induced dipole moment)이 발생하여 상호작용함으로써 그들이 기체로 탈출하는 것을 지연시켜주기도 한다. 이것이 F. 런던(Fritz London, 1900~1954, 독일)이 발견한 화학적 힘에 해당한다.

3.9

바람난 수소(hydrogen)

　전기음성도가 큰 원자는 그들이 가지는 전자들을 핵이 있는 방향으로 강하게 끌어들이기 때문에 핵 주위에서의 전자밀도가 증가하게 되고 전자를 얻어 음이온이 될 수 있는 가능성이 높다. 반대로 전기음성도가 작은 원자들은 핵 주위에 전자를 배향할 수 있는 능력이 약하기 때문에 전자를 잃고 양이온이 될 수 있는 가능성이 높다. 따라서 원자가 모여 분자를 형성하는 경우 전기음성도의 차이에 의해 어떤 형태든 전자의 치우침 현상은 발생되며 분자 내의 전자쏠림현상은 어느 분자에서나 나타나고 있다. 다만 그 정도의 크기가 다를 뿐이다. 이 고유한 성질은 원자의 주기율성(periodicity)에 따르고 있다. 주기율표에서 오른쪽 원자들은 대부분 전기음성도가 크고 왼쪽 원자들은 크지 않다. 따라서 양이온을 형성하는 쪽이 주기율표의 1~2족 원소들이며 음이온을 형성하는 쪽은 6~7족 원자들이다. 주기율표의 3~5족 원자들은 전자들의 치우침 현상이 비교적 적어 공유성 화합물들을 자유롭게 만들 수 있다.

 물은 액체, 고체, 기체로 존재하는 어느 범위의 온도에서도 두 가지 이상의 상(phase)을 가지고 있다. 물 위에는 항상 수증기가 물과의 일정한 평형을 유지하고 있는 것과 같이 고체인 얼음 위에도 승화된 물분자들이 자유롭게 활동하고 있다. 이런 성질이 있기 때문에 아침에 널어둔 빨래가 저녁이면 마르는 것이다. 이렇게 물이 다시 모여 수증기가 되어 기화되면 물은 멀리 가지 못한다. 지구의 주위를 맴돌다 서로 뭉쳐서 구름이 되고 비를 뿌려 마른 대지를 적셔서 생명들이 살아가게 한다.

 그런데 왜 그들은 서로 뭉쳐야만 하는가? 물은 위에서도 언급했지만, 너무 가벼워 혼자 있을 수가 없다. 그러기에는 물만이 가지는 비밀이 있다. 물은 수소다리 결합과 지구의 중력이 수증기를 하늘에 머물게 하는 방법을 이용하고 있다. 좀 더 구체적으로 살펴보면 2개의 수소와 1개의 산소로 이루어진 물은 그 생성 과정에서 그들이 가졌던 에너지의 대부분을 열과 빛으로 써 버렸다. 그래서 그들은 가진 모든 에너지를 태워 버린 재(ashes)와 같은 물질이다. 그러기에 물은 다시 태울 수 있는 에너지가 없다. 더 이상 태울 에너지를 모두 비워 버린 빈 바구니와 같은 물질, 이것이 물이다. 그러기에 그들은 서로 뭉쳐 하나가 되어야 살아남을 수 있다.

 이 에너지의 빈 바구니는 화학적으로는 다시 에너지를 채울 수 있는 공간으로 남아 있다. 타고 남은 재의 빈자리는 물의 성질을 구성하는 중요한 물리적 원인을 제공하고 있다. 물은 마치 만화로 보는 큰 엉덩이를 감추려고 애쓰는 짧은 치마를 입은 세상 물정 모르는 소녀와도 같다. 그러나 아무리 감추려 해도 전체를 감출 수는 없다. 그 드러난 맨살은 항상 주위에 있는 것들의 조롱거리가 된다. 조롱거리가 된 산소의 맨살과 주위의 물 분자 속의 수소 원자들이 적당한 타협이 이루어지면 그것을 감추려고 애쓰지 않아도 된다. 물 분자들은 그것이 싫지만은 않은 모양이다. 왜냐하면 그 상태로라도 서로에 의해 가려지기 때문이다. 이것이 뭉침(unite)의 역학이다.

맨 처음엔 물 분자 둘이 서로 산소의 돌출 부분을 서로 가려주려고 모여든다. 그래도 남는 부분이 있다. 그래서 다시 바로 옆의 물 분자를 끌어들여 거래가 이루어지면 세 번째 수소 원자가 산소의 맨살을 가리는 데 동참하게 된다. 그리하여 1개의 산소 주위에 3개의 수소가 배향하는 것이다. 이웃집 수소가 잠시 바람을 피우는 것과 같다. 그러나 상관없다. 그들이 사는 세상에서는 그것이 미덕이다. 이 바람기 많은 수소는 경우에 따라서 이집 저집으로도 옮겨 다닐 수도 있다. 이 방법으로 그곳에 모여 있는 물 분자 모두가 연결된다. 이것은 수소 결합을 통한 수소다리 결합이 일어나는 현상이다. 이 바람둥이 수소 때문에 물 분자는 따로따로 1개씩 존재할 수가 없다. 여럿이 모여서 하나의 집단으로 존재한다. 그것이 그들의 생존 방법이다. 보다 구체적으로 살펴보면 물 분자의 형성에 관한 결합의 법칙은 매우 정교하며 전자를 지배하는 양자역학이라는 4차원의 힘이 이들을 지배하고 있다. 이 사차원의 세상은 이 세상의 것이 아니다. 이것은 허수방정식에 의해 지배되는 힘이다. 따라서 이들의 행동반경을 이해하려면 어느 정도는 물질의 본질에 대한 이해가 필요하다. 물질의 본질은 사변적 논리에 의해서는 해결될 수 없는 실존에 관한 것이기 때문이다.

3.10

혼성 궤도

　수소와 산소가 만나서 물이 형성되는 과정을 양자역학적 관점에서 접근해 보면 산소는 정지해 있고 수소는 공격하는 형태로 구상해 볼 수 있다. 산소는 결합에 참여하지 못하는 불임전자 두 쌍을 가지고 있다. 그런데 이들도 어떤 형태로건 결합에 참여하려는 경향을 가지고 있다. 이것이 문제의 시작이다. 산소는 그가 가진 6개의 전자 중, 2개의 방에는 각각 두 개씩의 전자를 채우고 있고 2개의 방에는 1개씩의 전자를 채운다. 이렇게 1개씩 들어 있는 전자의 방은 외형상으로는 두 개의 수소를 받아들이면 물이 된다. 그러나 불임 전자는 이에 만족하지 못한다. 따라서 물을 만들어 가는 과정은 원자궤도 함수가 서로 간의 타협을 먼저 이루어야 한다. 그 타협은 6개의 전자가 들어있는 네 개의 분자궤도를 그들의 방식대로 다시 재분배하는 것이다. 이 타협에서 탄생한 것이 혼성 궤도(hybrid orbital)이다.

이 타협은 산소 원자가 가지고 있던 결합에 참여할 수 있는 전자 6개를 모두 섞어 4개의 새로운 오비탈에 골고루 분배하자는 약속이다. 그리고 그 오비탈의 공간에 하나씩 넣어보는 것이다. 처음 4개가 골고루 채워지면 서로는 매우 만족한 형태의 신방을 구성하게 되고 거기에 다시 나머지 전자를 차례로 채우고 나면 2개의 오비탈은 2개의 전자로 채워지며 더 이상의 전자출입은 없다. 나머지 둘은 전자를 하나씩만 가지는 오비탈로 남아 있게 된다. 이것은 혼성되기 전과 같지 않은가? 하는 질문도 가능하다. 그러나 이들의 구조는 산소의 원자 궤도 함수와 같아 보이지만 공간 배향에서 차이를 보이게 된다. 쑥대머리 소녀가 꽃단장한 신부가 되어 나타난 것과 같다. 정말로 공평한 공간구조로 분배된 새로운 역학이 탄생한 것이다.

원자 궤도 함수의 경우 서로는 90°로 입체 정육면체의 공간에서 존재해야 하지만 혼성 궤도의 경우 109°로 자유 공간을 지배한다. 따라서 이 공간은 정사면체를 형성하여 완전하고 견고한 구조를 형성하게 된다. 이 새롭게 만들어진 혼성 궤도는 수소로부터 1개씩 전자를 받아들인 신방에 드디어 2개의 전자가 채워져 물이 된다. 이것이 물을 만들어지는 과정이며, 지구를 포함하여 우주에 널려 있는 물의 탄생에 관한 이야기다.

이렇게 형성된 물은 산소와 수소 사이에는 다시 미묘한 갈등이 발생하는데 늘 그러하듯 '누가 더 전자를 많이 소유하느냐?'라는 것이다. 그런데 이 갈등은 다툼 없이 쉽게 해결되어 버린다. 왜냐하면 그것은 수소와 산소가 탄생하면서부터 가지고 있던 고유한 성질인 전기음성도라는 고윳값에 의해 결정되기 때문이다. 물의 경우 산소(3.5)가 수소 (2.2)보다 큰 전기음성도를 가지고 있어 결합에 참여한 전자들은 산소를 더 선호하게 된다. 여기서도 운명의 저울은 '힘 있는 자는 더 부자가 되고 가난한 수소는 더 가난해질 수밖에 없다는' 것으로 측정치를 내놓는다. 이것은 물 분자를 둘러싼 환경이 준 운명이다. 따라서 물 분자의 입체구조에서 산소의 주위에는 많은 전자가 모여 있고, 수소는 상대적으로 적은 양의 전자가 수소를 감싸고 있다. 이런 배향에서는 힘이 발생한다.

3.11

쌍극자 모멘트

　이것은 물 분자가 전기장에 노출되면 수소 원자를 중심으로 한쪽은 음극으로 산소 원자는 양극으로 향하게 하는 힘이 된다. 이 힘을 쌍극자 모멘트(dipole moment)라고 하며, 물의 경우에 유난히 큰 값을 가진다.

　쌍극자 모멘트를 가진 분자들은 주어진 전기장을 중화하려는 경향성을 가지고 있다. 여기에서 물이 비정상적인 유전 상수(dielectric constant)를 가지고 있는 것이 문제다. 진공 상태의 유전 상수를 1이라고 하면 물은 80배나 되는 큰 유전 상수를 가지고 있다. 이것은 물이 이온 내지는 이온성 화합물들을 잘 녹이는 성질을 설명해 주는 척도가 된다. 예를 들면 고체 소금이 표면에서부터 염이 해리되면 물의 높은 유전 상수에 의해 다시 고체인 염으로 돌아가지 못하고 물속에 용해된 상태로 존재해야 하는 이유가 된다. 여기에 추가해서 양이온이 물의 산소 쪽으로 움직이고 음이온은 물의 수소 쪽으로 이동하려는 경향성 때문에 염은 더욱더 해리된 상태에 머물게 되고 고체로 돌아가지 못한다. 그러나 개개의 물 분자의 쌍극자 모멘트가 용매로서의 두드러진 성질의 전체를 설명하는 것은 아니다. 여기에 수소 결합과 배위결합의 특성이 도입되면 소금이 물에 녹는 현상도 쉬운 물리현상이라고 말할 수는 없다.

수소 결합이 나타내는 성질 중에 액체가 증발할 경우를 살펴보면, 물을 가열하여 열적 교란이 일어나면 액체들끼리 서로 작용하고 있는 반 데어 발스 힘이 먼저 끊어진다. 그런데 물의 경우는 분자량이 18이면서도 상상을 초월하는 높은 끓는점과 어는점을 가지고 있다. 산소와 같은 족의 수화물인 H_2S(황화수소)는 끓는점이 -41.30℃이다. H_2Se(셀레늄화수소; -2.3/-51℃), H_2Te(테루륨화수소: 2.12/2.6℃)은 각각 괄호 안에 표시한 값과 같다. 이것과 물(0/100℃)을 비교하면 그 차이가 확연해 보인다. 그러나 이것들이 0℃와 100℃라는 사실은 반 데어 발스의 힘으로만 설명하기에는 무리가 있다. 그보다는 훨씬 큰 힘이 물 분자들을 한데 묶어주고 있는 힘이다. 그 뚜렷한 힘이 수소 결합에서 유래되고 있다. 물은 이 수소 결합의 힘에서 어느 상태에 놓여 있든 간에 자유로울 수 없다.

3.12

물의 열용량

물은 매우 큰 열용량(heat capacity)을 가지고 있다. 열용량이란 물질의 온도를 1℃ 올리는 데 필요한 열로 정의된다. 그러므로 열용량이 큰 물질은 열을 가해도 쉽게 뜨거워지지 않지만, 열용량이 적은 물질은 열을 가하면 쉽게 뜨거워진다. 물은 타버린 재로 비어있는 에너지 공간이 특별하다. 따라서 모든 것을 채우거나 비우지 않으면 온도가 상승하거나 내려가지 않는다. 예를 들어 여름철에 햇볕을 내리쪼이는 주차장에 주차된 차량은 대낮이면 뜨거워서 접근하기조차 어렵지만, 그 속에 둔 생수병은 온도가 그렇게 많이 올라가지는 않은 경우를 가끔 볼 수 있다. 이것은 물의 온도를 높이는 데는 물이 가지고 있는 에너지의 빈 그릇을 채워야 하며 그 그릇을 채우는 과정이 먼저이기 때문에 온도상승이 더디게 일어나는 것이다. 이와 반대로 물이 식을 때도 자신이 가지고 있던 열을 먼저 모두 내보낸 다음에야 물은 식는다. 따라서 물의 온도를 상승시키거나 식히는 과정은 다른 물질에 비해 매우 느리게 진행된다. 이것이 물이 가진 특징으로서, 물은 천천히 더워지고 천천히 식어 생명을 잉태하기에 적당한 조건을 제공해 주고 있다.

물의 열적 성질을 나타내는 것 중에 비열(比熱: Specific heat)이라는 것이 있다. 이것을 이해하기 위해 모래와 물의 관계를 비교해 보면 보다 빠르게 이해할 수 있다. 어떤 물질 1g의 온도를 1℃만큼 올리는 데 필요한 열량을 비열(比熱: Specific heat)이라고 한다. 여기서 물의 비열은 4.18 joule/g℃로 물 1g을 증발시키는 데 4.18 joule/g℃이 필요하지만, 모래 성분인 산화규소(silicone oxide)의 비열은 0.84 joule/g℃이다. 이것은 1g의 물을 1℃ 올리는 데는 4,18joule의 에너지가 필요하다면, 모래 1g을 1℃ 올리려면 0.84joule의 에너지만 필요하다는 것이다. 과학적으로 측정된 이 두 에너지를 비교해 보면 물이 모래보다는 약 다섯 배 정도의 에너지가 필요하기 때문에 온도가 느리게 올라간다는 것을 쉽게 이해할 수 있다.

그렇다면 왜 물질에 따라 이렇게 다른 비열의 차이가 있는 것일까? 물질마다 다른 비열의 차이는 물질이 가진 에너지 용량과 관계가 있다. 물은 큰 에너지 용량을 가지고 있어 외부로부터 공급되는 에너지는 먼저 내부의 큰 에너지 창고(열용량)에 모두 채운 다음 여분의 에너지를 창고 밖으로 내보내는데, 물은 그 에너지 그릇이 크다는 것이고 모래의 경우는 그 그릇이 작다는 것을 의미하고 있다. 반대로 물의 온도를 1℃ 낮추려면 물로부터 관찰하고 있는 계(system)로부터 열을 주위(surround)로 내보내야 한다. 그것 역시 에너지 창고에서 모든 열을 내보낸 다음 냉각되어야 하므로, 추운 겨울날 물속이 물 밖의 환경보다 더 따뜻한 것도 주위에 비해 물의 온도가 상대적으로 덜 내려갔기 때문이다.

물은 수소 결합으로 인해서 다른 어떤 물질보다 증발열(heat of vaporization)이 커서 쉽게 증발하지도 않는다. 액체 상태의 물이 증발과정에 관여하는 것도 비열과 수소 결합이 있기 때문이다. 물 분자 간에 이루어진 수소 결합이 먼저 해리되어야 물 분자가 자유롭게 탈출할 수 있기 때문에 비슷한 분자에 비해 에너지가 더 필요하다.

모든 물질은 냉각되면 그 부피가 줄어드는 것이 일반적이다. 앞에서도 언급했지만, 물도 100℃에서 4℃까지는 이 자연의 일반적 법칙을 따르지만 4℃에서 어는점까지 내려가는 동안 부피가 다시 팽창되어 물이 얼음으로 완전히 변하면 그 부피는 1/11이 더 증가된다. 따라서 얼음은 물보다 가벼워 물 위에 뜨게 된다. 이 팽창은 이 땅에 살아가는 모든 생명체에게는 축복이다. 물보다 가벼워지는 얼음의 성질은 그들만이 가진 빈 바구니 효과에서 유래된다. 물 분자가 가지는 이 효과는 흐름이 감소하는 변곡점인 4℃부터 나타나는데 서로 바구니에 손을 넣어 가장 안전한 모양으로 배향하려는 경향성이 강하게 나타나기 때문이다. 이들이 이런 배향을 하면 물 분자는 일정한 간격으로 질서 있게 배열하여 무질서가 정리된다. 이 힘은 마치 벌이 밀랍을 물어와 육각형의 집을 짓는 것처럼 자연스러운 현상이다. 따라서 물의 배향이나 벌이 지어놓은 육모꼴의 집이나 해안에서 가끔 볼 수 있는 주상전리현상이 모두 같은 원리에 의해 움직이는 자연의 한 법칙에 해당된다.

만약 고체가 된 얼음이 물에 뜨는 유별난 성질이 없다면 기온이 0℃ 이하로 떨어지는 계절에는 호수는 바닥부터 얼기 시작하여 생명이 흐르는 물의 공간은 사라지고 여름이 되어도 호수가 그 바닥의 얼음을 다 녹여내지 못하면 호수의 바닥은 항상 얼음으로 덮여 있어 얼음 호수가 되고 생명체의 생존에 크게 영향을 미칠 것이다. 극지방의 빙산도 모두 물에 가라앉아 바닥부터 얼어붙어 생명이 없는 죽은 바다가 되었을 것이다. 그렇게 되면 차가운 호수나 바다로부터 증발하는 수증기가 부족하여 비나 눈이 내리는 것도 제한되어 대부분의 대지는 사막처럼 생명이 살 수 없는 땅이 되었을 것이다. '얼음의 가벼워짐'이라는 이 작은 성질은 지구가 생명체의 고향이 될 수 있는 큰 선물로 남아 있다. 이것이 물의 유별난 성질이 가져다주는 축복이 아니고 무엇이겠는가?

얼음이 녹을 때는 물과 얼음이 공존하는 전이 단계가 있다. 이 단계에서는 얼음이 완전히 물이 될 때까지는 외부로부터 에너지의 공급이 계속되어도 물의 온도는 변하지 않는다. 이 잠열의 상태가 물이 다른 물질에 비해 유난히 크다. 이 성질은 물의 에너지 저장 능력과 관련되는 것으로, 온도의 변화 없이도 에너지를 저장할 수 있는 능력이 매우 크다는 것이다. 따라서 물은 외부의 온도 변화가 있더라도 정해진 어떤 계의 온도를 높이는 데는 많은 시간과 기다림이 필요하다. 계속해서 계에 에너지가 공급되면 잠열의 상태를 지나 서서히 온도의 변화가 나타난다. 저장되어 있던 에너지는 주위로부터 에너지 공급이 중단되면 다시 서서히 방출되어 주위의 환경과 조화를 이룬다. 물이 가진 이러한 성질은 지상에 사는 많은 생명체의 삶에도 영향이 미쳐 외부 온도 변화에 민감하게 반응하지 않고 살아갈 수 있는 조건으로 작용하고 있다. 생명은 외부 환경의 급작스러운 변화에 익숙하지 못하고 거의 매일 일정한 온도를 유지하고 있는 물의 흐름에 기대어 살아가고 있다.

모든 것을 안아주는 어머니

물은 모든 것을 녹이는 보편적 용매다. 물은 그 속에 녹아 있는 다른 물질들이 이온으로 분리되더라도 본래의 모습을 그대로 유지하고 있는 물질이다. 그 정도를 정량적으로 따져보면 순수한 물은 상온에서 100만 개의 물 분자 중 1개만 해리될 정도로 매우 안정된 물질이다. 그 양을 무게로 환산하면 1톤의 물속에 0.1mg의 양성자(H^+)가 그리고 0.17mg의 하이드록실기(OH^-)만 있을 정도로 이온으로 분리되는 물의 양은 무시해도 될 정도다. 이렇게 안정된 물질이지만 지상에 있는 원소 중 그 반이 적게 혹은 많게 물에 녹아 있다. 이러한 용해성은 물이 가지는 쌍극자 모멘트(dipole moment)라고 하는 분리된 전하가 물에서는 크게 작용하고 있기 때문이다. 물질의 분리가 아니고 전하의 분리가 일어난 것이다. 이것은 주로 이온 결합으로 이루어진 물질들을 잘 녹이는 역할을 해주고 있다. 그러나 쌍극자 모멘트만으로 물의 용해도를 설명하는 것에는 무리가 있다. 이것을 설명하는 데는 다시 수소 결합의 힘이 필요하다. 수소 결합은 물 분자를 가지런하게 배열하여 용질과 용매 사이에 적당한 인력을 발생시켜 물속으로 녹아들게 하는 능력을 갖고 있기 때문이다. 따라서 물의 이온에 대한 높은 용해도는 쌍극자 모멘트와 수소 결합이 만들어 내는 합작품이라고 할 수 있다. 그 결과로 물은 비정상적으로 큰 유전 상수를 가지게 되고 용매는 특히 이온 혹은 이온성 화합물들을 잘 녹인다. 이것은 용해되는 물질과 용매 사이에 약하게나마 전기적 힘이 작용하고 있기 때문이다.

그렇다면 북극에 나타나 한때 세상을 놀라게 했던 '불타는 얼음'은 어떻게 설명해야 할까? 지금도 가끔 일어나는 이 현상은 그 설명이 재미있다. 비극성 분자로서 메탄은 바다 밑의 해저 유전에서 매우 큰 압력 아래에 있던 기체가 새어 나와 물을 만나면 열이 발생되는데 그 열에 의해 메탄의 주위에 물이 케이지(cage)라는 속이 빈 구조를 만들고 물에 의해 배향하게 된다. 케이지의 속 빈 구조와 메탄의 크기가 거의 같아 메탄의 한 분자가 쉽게 물 분자들로 구성된 케이지 안에 갇히게 되고 메탄가스에 의해서 가벼워진 이 케이지는 물 위에 떠다니다가 메탄하이드레이트(methane hydrate, 케이지의 집단)를 이루고 얼음으로 바다가 뒤덮이면 메탄하이드레이트들은 얼음 위에 모이게 된다. 거기서 인화점에 이르는 원인이 제공되면 불타는 얼음으로 나타난다. 메탄 분자를 가두는 이상적인 물 분자의 수는 12개로 이루어진 케이지로 그 안에 갇힌 메탄 분자는 마치 물속에 녹아 있는 것 같은 형상으로 나타나그 가벼움으로 물 위로 뜨게 된다.

한 잔의 물속에 있는 물 분자들도 서로서로 손을 내밀어 그들이 가진 빈 바구니에 손을 넣고 서로 당겨 한 덩어리의 분자 집단을 형성하고 있다. 물이 되기 위해서다. 물의 성질은 분자 하나하나의 성질이 아니다. 하나의 물 분자는 너무 가벼워 지상에 머물 수가 없다. 메탄보다 가볍기 때문이다. 따라서 그들의 집단이 나타내는 물성이 바로 물이다. 그러기에 그들은 모여 서로서로 의지하고 있다. 물이 가지고 있는 이 빈 바구니 효과는 이웃하는 분자끼리 서로 연결된 느슨한 결합이라는 어정쩡한 상태를 만들지만, 이 역할은 물이 가지는 유별남을 나타내는 원인이 된다. 그뿐 아니다. 물이 지상에서 멀리 날아가지 못하게 하여 지구에 머물게 하는 역할도 하고 있다. 이 역할이 없다면 물은 지구를 떠나고 생명이 없는 삭막한 별이 되었을 것이다. 물은 지구의 온도를 온화하게 유지해 주는 역할도 한다. 그리하여 많은 생명체가 온도의 변화를 감내하며 살 수 있는 환경을 만들어 준다. 물이 있기 때문에 생명이 있고 생명이 있기 때문에 지구는 아름다운 곳이다.

수소 결합은 물을 구성하는 1개의 산소 원자가 2개의 수소 원자와 결합하는, 공유 결합과는 다른 범주에 속한 물리 현상이다. 여기에서 수소 결합을 물리 현상으로 칭하는 것은 그들 사이에는 서로 전자를 섞어 하나의 공동체를 만들지 못하기 때문이다. 그러나 하나의 물 분자에 들어 있는 이 두 개념(공유 결합과 수소 결합)은 물의 고유한 특성을 설명하기에 충분한 가치를 지니고 있다. 물을 만든 공유 결합은 수소와 산소를 결합해 안정된 분자를 만들었다면, 수소 결합은 이 분자들을 모아 물을 만들었다. 태평양의 물에서 찻잔 속의 물까지. 그렇기 때

어느 화학 교수의 강의노트-1 물

문에 물이 가지는 물성 중에서 특히 수소 결합이 차지하고 있는 위치는 물의 유별난 성질을 설명하기에 필요충분조건을 제공해 주고 있다. 그중에서도 얼음을 물에 뜨게 만드는 현상은 지상에 있는 모든 생명체가 생명을 유지하며 살아가는 근본적 조건을 해결해 주는 초석이 된다. 그뿐 아니다. 수소 결합은 DNA의 이중나선을 연결하여 생명을 유지할 수 있게 만드는 힘을 제공하는 기본적 소양도 가지고 있다. 물에 대한 많은 것이 알려졌지만, 아직도 물속에는 많은 것들이 감춰져 있다. 그렇기에 자연은 아름다운 것이다. 생텍쥐페리의 어린 왕자의 대사 중에 "지금 내가 보고 있는 것은 껍데기일 뿐이야. 가장 소중한 것은 보이지 않아."라는 대사가 생각난다.

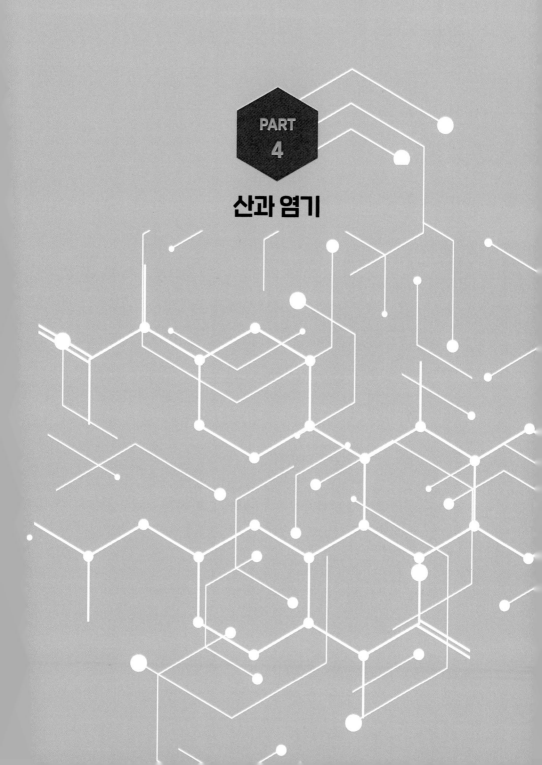

PART
4

산과 염기

4.1

진주의 눈물

2천 년보다 더 오래된 이야기다. 로마가 세상을 지배하던 시절 이집트의 여왕 클레오파트라(Cleopatra, BC 69~BC 30)가 안토니우스(Marcus Antonius, BC 82~BC 30)의 환심을 사기 위해 '달의 눈물'이라는 아름답고 커다란 진주귀걸이를 파티 석상에서 술잔에 넣어 마셔 버렸다고 전한다. 클레오파트라는 어떻게 딱딱한 진주를 술처럼 마실 수 있었을까? 2천 년보다 더 오래된 이야기이니 그 진위야 알 수 없지만, 진주를 이루는 주성분이 산과 쉽게 반응한다는 것을 여왕은 이미 알고 있었던 것 같다. '술잔 속의 진주'라는 이 기록이 사실이라면 여왕이 준비한 술잔 속에는 술 대신 아마도 진주를 녹이기 위해 준비된 적당한 농도의 레몬이나 오렌지로 만든 산성 음료가 담겨 있었을 것이다.

왜냐하면 진주를 이루는 주성분인 탄산칼슘($CaCO_3$)은 순수한 물 1ℓ에 15㎎만 녹는 난용성 물질이지만 이것이 산에 의해 탄산수소나트륨

어느 화학 교수의 강의노트-1 물

($CaHCO_3$)으로 변하면 물 1ℓ에 166g이나 녹는다. 그렇다면 진주는 순수한 물보다 산성 용매 속에서 1만 배나 더 잘 녹을 수 있다. 이것은 1ℓ의 물에 소금이 350g이 녹는 것과 비교하면 산성 용매 중에서 진주는 거의 소금이 물에 녹는 수준에 버금갈 정도의 용해도를 가진다는 것이다. 아마도 클레오파트라는 진주를 술잔 속에 넣고 파티가 무르익어 분위기가 절정에 달하였을 때 많은 사람이 보는 앞에서 탄산칼슘 성분이 녹아서 말랑말랑해진 그 진주가 담긴 술잔을 보란 듯이 마셨으리라.

클레오파트라가 파티 석상에서 행한 '술잔 속의 진주'라는 행위는 당시의 역사적 배경이 되었던 이집트와 로마의 관계에서 자신의 자리를 조여 오는 거대세력에 대항하는 묵시적 저항일 수도 있었겠지만, 여왕의 술잔 속에는 산과 염기라는 서로 상대적인 성질을 가진 매우 실질적이고 현실적인 소재가 담겨 있었다. 세상은 여왕의 술잔을 들여다보며 말했을 것이다. '산은 비어 있는 그릇이며 염기는 가진 자의 무기라고!' 그러나 전장의 군인들은 적의 빈 그릇이 무기를 들고 공격해 들어오는 세력을 받아주는 것이 필연적 섭리라는 것을 알아차리지 못했다.

떨리는 여왕의 손에 들린 술잔에 담겼던 소망은 상대의 지역을 쳐들어가 모든 것을 유린해 버리는 세력들에 의해 사라져 버렸지만, 그들은 실상 상대적이라 의미가 '서로 맞서거나 비교되는 관계에 있는 것'으로 정의된다는 사실도 모르는 자들이었다. 여왕의 보물과 이집트의 해군력이 필요했던 안토니우스의 행위는 역시 우연은 아니었다. 여왕은 안토니우스의 정치적 의도를 피할 방법을 찾고 있었을지도 모른다. 왜냐하면 그녀의 처지는 국가를 위하여 사랑이라는 아리송한 믿음밖에 보일 수 없는 산(acid)과 같았기 때문이다. 비교할 수도 없는 군사력에 맞서지 못한다는 사실을 잘 알고 있던 여왕은 진주로 장식한 아름다운 모습으로 적장을 맞이했다. 진주는 염기의 성질이 강한 물질이다. 만약 식초로 진주를 말랑말랑하게 만들었다면 분명 클레오파트라는 그속에 포함된 산과 작용하는 어떤 다른 가능성이 있다는 것쯤은 알고 있었을 것이다. 진주 한 알에 건 여왕의 소망도 그러했을까?

　그녀를 상대로 누군가가 진주처럼 녹아 '내가졌소!'라고 응답해 오기를 기다리고 있었을지도 모른다. 그러나 뜻밖에도 '내가졌소! 내가졌소!'라고 고개를 뒤로 저치며 팔을 내뻗고 외치던 안토니우스의 마음에는 이미 사랑에 빠져 '달의 눈물'이라는 진주의 효과에 빠져들고 있었다. 산이 진주를 녹인 것이다. 산이 진주를 녹이듯 정치보다 사랑에 빠져버린 여왕은 아마도 상대적 가치들을 향해 절규하고 있었을 것이다. 로마의 절대적 힘 앞에 무기력해진 조국의 마지막을 지켜야 할 슬픈 운명이 그녀의 어깨를 누르고 있었다. 마치 하나의 진주가 보석으로 탄생할 때까지 조개는 수많은 고통과 수많은 싸움에서 얻은 상처에서 흐르는 눈물을 참아야 하는 것처럼. 그래서 이집트인들은 지금도 진주를 눈물이라고 하는 것은 아닐까?

양쪽성과 일방성(一方性)

  산의 성질 중 빼놓지 않고 등장하는 것이 신맛이다. 신맛은 많은 사람이 즐기는 맛은 아니다. 영어(sourness)나 독일어(sauer)로 '시다'는 뜻은 '약간 화가 난다. 혹은 난처해지다'라는 뜻을 함유한 단어로, 그리 기분 좋은 상태를 표현하거나 유쾌한 분위기를 나타내는 데에 사용되는 단어는 결코 아니다. 클레오파트라가 신맛이 나는 술잔을 마시며 무슨 생각을 했을까? 눈을 감고 목구멍으로 넘어가던 고통스러운 신맛을 풍전등화에 놓인 조국 이집트를 로마로부터 지켜내기 위한 딜(deal)로 생각하지는 않았을까? 결국 지켜내지 못했던 조국의 산과 바다, 그리고 강들은 이 슬프고 슬펐던 이야기를 담아 지금도 유유히 흐르고 있다. 턱없이 부족했던 그녀의 힘은 역사의 교훈으로 지금까지도 그 강을 따라 흐르고 있다. 역사도 흐른다. 그리고 그 역사에는 논리가 없다. 오직 힘만이 지배한다는 것이 그 교훈이다.

자연은 스스로 정한 규칙에 의해서만 움직인다. 얼핏 불규칙한 사건이라도 따지고 보면 거기에는 세밀한 자연의 섭리가 숨어 있다. 산을 포함하고 있는 식품으로 신맛의 선두 주자는 역시 식초다. 식초는 CH_3COOH라는 화학식을 가지고 있다. 이 화학식에서 산으로서의 식초는 구조식의 마지막에 붙어 있는 수소에 의해서 신맛이 난다. 그 신맛의 원천은 식초 분자 약 1만 개 중에 하나 정도가 CH_3COO^-와 H^+로 해리되는 양성자에 의해 나타난다. 반응식으로 표현하면 CH_3COOH $\rightleftharpoons CH_3COO^- + H^+$가 된다. 레몬, 귤, 오렌지, 사과와 같은 과일은 산성을 나타내는 유기산 성분($RCOOH$)을 함유하고 있기 때문에 신맛이 난다. 반응식도 $RCOOH \rightleftharpoons RCOO^- + H^+$로 식초의 분해 과정과 동일하다. 이들은 모두 식품에 속한다. 그와는 반대로 산은 개미와 같은 곤충들과 아직 성체가 되지 않은 그들의 애벌레들이 가지고 있는 유일한 무기이기도 하다. 한번 물리면 심한 고통에 시달려야 하는 산의 화학적 구조는 과일 속에 들어 있는 산과 거의 비슷하다. 그렇다면 왜 곤충들이 가진 산은 쏘이면 고통스러울까? $RCOOH$라는 일반식을 가지고 있는 유기산은 $RCOO^-$와 H^+ 즉 산으로 분해되는데 H^+는 신맛의 원천으로 유기산이나 곤충들이 가진 것이 동일하다. 식품이 가지고 있는 그것은 새콤달콤한 맛을 내지만 개미가 분비하는 것은 독성이 있다. 따라서 산성 물질의 성격을 나타내는 $RCOO^-$는 중요한 산의 척도가 된다.

산을 형성할 수 있는 화합물에서 양성자가 생산되면 그 상대적 염기($RCOO^-$)가 남게 되는데 여기서 남아있는 염기가 과일 속에 존재하는 것은 소화 과정에서 금속 이온을 만나 염기성 화합물을 형성하여 몸에 필요한 영양을 공급하고 혈액에 알칼리성을 공급하는 식품으로 작용하지만, 개미와 같은 곤충이 생산해 내는 산은 대사 과정에서 독성을 만들어 위험하다. 그뿐 아니다. 곤충들이 가진 산의 분자는 그 크기가 상대적으로 작아 한번 물리면 피부 속을 빠르게 투과하여 이들이 상대해야 할 적에게 빠른 효과를 느끼게 하는 생존을 위한 무기로 작용하고 있다. 대표적인 독성을 가진 산이 개미산($HCOOH$)이다. 그것이 식품이든 아니면 생존을 위한 무기가 되든 간에 그것은 식초가 가지고 있는 구조식과 비슷하며 쉽게 해리할 수 있는 양성자를 가진 화합물이다.

일반적인 이야기지만 산은 비금속 원소의 산화물이 존재하는 곳이면 어디에나 있다. 예를 들면 탄산가스(CO_2), 황산화물(SO_x), 그리고 질소산화물(NO_x)들은 모두 물에 녹아 산성을 나타낸다. 또 할로겐 원소들의 수소화합물(HX; $X=F$, Cl, Br, I)도 모두 산성을 나타낸다. 이들이 가지고 있는 공통점은 정도의 차이는 있지만 물속에 녹아 물과 반응하고 양성자(H^+)를 생산해 낸다는 것이다.

반응식으로 보면 다음과 같다.

- $CO_2 + H_2O \rightleftharpoons H_2CO_3 \rightleftharpoons H^+ + HCO_3^-$
- $SO_x + H_2O \rightleftharpoons H^+ + HSO_{x+1}^-$
- $NO_x + H_2O \rightleftharpoons H^+ + HNO_{x+1}^-$
- $HX(g) + nH_2O \rightarrow H^+_{(aq)} + X^-_{(aq)}$

여기서 앞의 셋은 평형을 나타내는 문자(⇌)로 반응 과정이 표현했지만, 마지막 반응식은 화살표 문자(→)로만 표현했다. 이것은 앞의 세 가지 반응식(⇌ 기호가 있는)은 반응물과 생성물이 모두 존재하는 경우다. 그러나 마지막 화학식에 표현된 화학식(→)에서 반응물은 아예 존재하지 않고 생성물만 존재하는 경우를 나타내고 있다. 산의 성질에서 세 반응식의 경우는 모든 반응물이 완벽히 해리되지 않고 분자 상태와 이온 상태가 공존하는 평형을 유지하여 약산으로 작용하며 마지막 반응식에서는 반응물은 모두 산을 생성하므로 강산이다.

양성자(H^+)는 1개의 원자핵 말고는 아무것도 가진 것이 없는 발가벗은 화학종이다. 화학종 중에서 가장 작은 것으로 핵이 그들이 가진 것의 전부다. 그것은 수소가 가졌든 전자가 존재하든 공간마저 상실해 버린 작은 핵만의 화학종이다. 그들은 발가벗었기 때문에 자연 상태에서는 혼자로는 존재할 수가 없다. 발가벗자고 할 때는 언제고 혼자 있을 수 없다고 하는 것은 무슨 뜻일까? 그러나 이들은 이번에는 좀 더 높은 톤으로 외치고 있다. "나는 혼자만으로는 살 수 없어! 그것은 내 마음이 아냐! 열화학이라는 자가 나를 그렇게 만들고 있어!"

양성자(H^+) 주위에는 항상 무엇인가 함께 있어야 한다. 물을 만나서 히드로늄 이온(H_3O^+)이 되고 암모니아를 만나면 암모늄 이온(NH_4^+)이 된다.

원자의 핵 하나 그리고 아무것도 가진 것이 없는 이 화학종(H^+)은 너무 작아 다른 분자와 연합하여 화합물을 만들지 않으면 자연 상태로는 존재할 수 없다. 누군가와 손잡고 있어야 생존할 수 있는 이들의 전략을 보면 경이롭다. 이들은 항상 암놈 행세를 한다. 그리고 냄새를 풍긴다. 자기가 가서 붙어야만 하는 상대방은 수놈이다. 그들은 밀림에서 행해지는 '청색조의 유희' 같은 것을 즐길 시간이 없다. 순식간에 모든 것이 끝나 버린다. 수놈이 공격하고 암놈은 그 공격을 받아주는 사랑싸움이 그들 사이에 이루어진다. 한순간이다. 그런 사건이 일어나면 이 두 개체는 암수의 구분이 없는 새로운 개체로 바뀌어 버린다. 그들 사에는 이제 아무런 냄새도, 색깔도 없다. 이 새로운 화합물을 통틀어 염(salt)이라고 한다.

착물(complex)

 자연의 이치를 생활의 지혜로 이용하고 있는 것도 많다. 예를 들면, 바다에 유해성 플랑크톤이 대량 번식하여 나타나면 적조를 해소하는 방법으로 황토를 살포하는 것이 유일한 해결책이다(p.87 참고). 황토의 성분은 산화철이 주된 성분으로서, 그 역할이 적조생물과 관련이 있다. 그러면 이 철산화물이 포함된 황토를 바다에 살포하면 왜 적조생물이 사라지는 것일까? 황토의 주성분인 산화철은 산성 물질이다. 산은 비어 있는 분자 궤도를 가진 화합물이다. 적절한 표현이 될지는 모르지만 여기서 황토 성분은 산성으로 암놈의 역할을 하고 적조생물을 구성하는 성분은 질소를 포함하는 단세포 생물로 구성된 플랑크톤으로 구성 성분은 수놈의 역할을 한다. 적조생물이 가진 질소 성분은 비공유 전자쌍을 가진 질소 성분으로 구성되어 있어 비어 있는 분자 궤도를 가진 물질을 발견하면 즉시 결합하려는 경향을 가진 물질이다.

염을 만드는 것이다. 그리고 그만큼 무거워진다.

　이들이 만나면 즉시 반응하여 화합물을 만든다. 이 화합물을 화학에서는 착화합물 혹은 배위화합물이라고도 한다. 이렇게 산화철과 적조생물 사이에 결합이 이루어지면 적조생물과 황토 사이에는 착화합물이 형성되어 1개의 배위화합물을 포함하는 분자가 형성되고 이 적조생물에 둘러싸인 황토 성분의 미립자는 무게를 이기지 못하고 서서히 물 아래로 가라앉게 된다. 그리고 움직임이 정지해 버린다. 이렇게 되면 적조생물은 더 이상 생명체의 역할이 끝나버린다. 물론 염산과 같은 휘발성 산을 살포하는 것도 하나의 선명한 방법일 수 있고 쉬운 방법이지만, 이것이 일으키는 환경 파괴를 보면 그 방법은 답이 아니다.

　다른 한 예로 우리의 식탁에는 대구탕에 식초를 가미하는 지혜가 있다. 식초가 대구탕에 첨가되면 확실히 맛도 다르고 비린내도 나지 않는다. 이것은 생선이 많은 아민류를 가지고 있기 때문이다. 아민의 단백질은 수놈의 성질을 가진 염기들이다. 여기에 식초를 첨가하면 즉시 착화물이 형성되고 국물에는 이제 아민이 착화합물로 변한 뿌연 고체가 그 속에 생겨 무게를 이기지 못하고 바닥에 가라앉는다. 대부분의 착화합물은 물에 대한 용해도가 급격히 떨어져 물에 잘 녹지 못하고 뿌연 우윳빛 고체로 남게 된다. 이들은 물에 녹지 않아 냄새도 없다. 생선의 비린 냄새가 제거된 대구탕 맛이 식초에 의해 향상된다. 생선회를 먹을 때 초장을 쓰는 것도 같은 맥락이다.

　이것이 착화합물(complex 혹은 coordination compound)을 형성하는 단순한 방법이다. Complex는 complextus라는 라틴어에 어원을 두고 있으며 '포옹'을 의미하고 있다. 보는 관점의 문제이지만 화학에서는 산을 향하여 염기가 배열하는 경우가, 염기를 두고 산이 배열하는 경우보다 많기 때문에 모두 그런가 하는 생각을 할 수 있지만, 이것은 단순하게 그들의 크기에서 유래된 경우가 많아 화학적 정의가 이루어지기는 어려울 것 같다. 하나의 수놈을 중심으로 많은 암놈이 그 주위를 포옹하듯 둘러선 모습은 한 마리의 암사자를 두고 수놈들의 생명을 건 싸움과 좀 달라 보인다. 그렇지만 양성자의 경우는 단 하나의 파트너만을 요구하고 있어 그 위치는 중요하며 산의 성질을 나타내는 절대적 조건을 가지고 있다.

4.4

산성비

공기 중에는 탄소산화물인 탄산가스(CO_2)가 위치에 따라 다르지만, 일반적으로 0.038% 정도 존재하고 있다. 탄산가스의 경우 물을 만나면 H_2CO_3을 쉽게 형성하는데 이것이 물에 녹아 히드로늄 이온(Hydronium, H_3O^+)과 탄산 이온(HCO_3^-)을 만드는데 정도가 그리 강력하지 않아 산도는 0.033몰 용액 정도를 상온에서 유지하며 탄산 분자가 10만 개가 녹아 있다면 그중 5개 정도가 산으로 작용할 수 있다(K_1=4.4×10^{-6}). 따라서 깨끗한 대기 상태의 빗물의 산도 pH는 5.67이 유지되고 있다. 이것은 빗물이 약한 산성임을 의미한다. 지상에 존재하는 모든 물은 (그것이 지금 막 생산된 증류수라고 하더라도) 공기 중의 탄산가스가 녹아 들어가 산성을 나타낸다. 탄산가스는 그 자체로서는 매우 안전한 물질이지만 물을 만나면 아주 쉽게 탄산을 만들고 물속에서 해리되어 산으로 활동하게 된다.

이것은 자연적 현상으로 공기 오염과는 아무 상관이 없다. 그러나 대기가 오염되어 질소산화물이나 황산화물과 같은 비금속 산화물이 빗물 속에 녹아 들어가면 빗물의 산도(pH)는 빠르게 낮아진다. 황산화물이나 질소산화물이 히드로늄을 만드는 정도가 빠르고 작용이 강력하여 강산으로 활동하게 된다. 할로겐 원소들의 수소화합물도 쉽게 해리되어 양성자를 형성한 다음 산을 쉽게 만들며 다시 할로겐의 수소화합물로 되돌아가지 못한다. 따라서 이들은 강산이다. 황산화물과 질소산화물 그리고 할로겐의 수화물 같은 비금속 산화물이 빗물 속에 매우 적은 양만 포함되어도 빗물의 산도가 5.67보다 낮아지게 되는데 빗물의 산도가 이보다 낮아지면 산성비라고 정의한다. 산성비는 황산(H_2SO_4)과 질산(HNO_3)과 같은 강산성 물질들이 포함된 조합으로 형성된 경우가 일반적이다. 질소의 산화물(NO_2)은 빗물과 반응하여 질산(HNO_3)을 만들고 이것이 빗물에서 해리하여 강한 산성을 나타낸다(H^+ + NO_3^-). 질산은 산화성이 있는 매우 강한 산성으로 철을 산화시킬 수 있는 능력을 가지고 있다.

대기 중의 질소는 그 구조가 매우 견고하여 쉽게 다른 원소와 결합하지 않는 특성이 있다. 그러나 고압과 고온이 작용하는 번개 혹은 고압 엔진 속에서는 산화되어 질소화합물의 복합체를 만들고 그중에서도 이산화질소(NO_2)는 물에 의해 질산이 형성된다. 질산은 산화작용이 있는 강산이다. 황산도 마찬가지다. 황의 산화물(SO_2)은 화석연료 속에 미량 성분으로 남아 있는 유황(S)이 공장이나 난방을 위한 연료 그리고 자동차의 연료에 포함되어 있을 경우 열에 의해 쉽게 산화하여 형

어느 화학 교수의 강의노트-1 물

성된 자극적인 냄새를 가진 이산화황(SO_2)이 만들어지고 이것은 물과 반응하는 여러 단계를 경유하여 황산(H_2SO_4)이 된다.

공기 중에 퍼져있던 황산이 물에 해리하면 강산성($H^+ + HSO_4^-$)을 띠게 되어 빗물은 강한 산성비를 형성하며 강철도 부식시키는 작용을 한다. 그뿐 아니다. 황산은 비휘발성 산이다. 언제 어디서든 황산이 포함된 산성비에 한 번 노출되게 되면 물로 씻어주지 않는 한 계속해서 강산으로서 남아 있어 매우 위험하다. 예를 들어 황산에 의해 형성된 산성비에 노출되었던 옷은 빨리 세탁해 주지 않으면 쉽게 변색하거나 구멍이 발생할 수도 있다. 이것 말고도 여러 가지 형태의 질소산화물과 황산화물도 환경에 영향을 주어 스모그를 발생시키는 원인 물질로 작용하고 있다. 그리고 미세먼지 속에 포함된 이들은 여과되지 않고 인체에 유입되어 건강에 나쁜 영향을 미칠 수 있다.

일반적으로 중국에서 우리나라로 날아오는 공해물질 속에는 질소나 황과 같은 비금속 산화물이 포함되어 있어 한반도의 도시와 산과 바다를 오염시키고 있다. 이 미세먼지는 비와 함께 지상에 뿌려지는데 지난 10년간 내렸던 산성비의 산도는 평균 4.4~4.9 정도의 범위였다고 한다. 이 농도는 탄산의 열 배에 해당하는 산도다. 산성비의 피해는 비가 오는 초기의 10~20분 정도가 가장 심하다. 이것은 모든 산성비의 원인 물질들이 물에 잘 녹기 때문이다. 빗물에 섞여 지상에 떨어지는 산성비 중 하천으로 흘러가는 것은 흐르는 물의 전체 양에 비해 그 양이 상대적으로 적기 때문에 강이나 호수를 산성화시키지는 않지만, 산성비가 나무가 울창하게 서 있는 임야 지역에 내리게 되면 산은 토양 속에 흡수되어 나무들의 대사에 직접적으로 영향을 미치게 된다. 이것은 나무들의 생존을 크게 위협하여 여기저기서 그 피해가 나타나고 있다. 독일의 흑림(Schwarzwald)은 산성비의 피해를 본 대표적 지역이다. 하늘이 보이지 않아 슈바르츠발드(흑림)라 칭하던 숲이 빨갛게 변했고 많은 나무가 죽어간 다음 독일 정부와 민간단체들에 의해 주변 도시에 이용되는 에너지를 친환경 소재를 이용한 발전으로 눈을 돌리면서 피해를 최소화할 수 있었지만 많은 시간과 노력이 필요했다고 한다.

그러나 유럽의 많은 도시는 아직도 산성비의 피해에서 벗어나지 못하고 있다. 화석 연료가 에너지원의 중심에 와 있는 현재 도심에 여기저기 서 있는 대리석 조형물들이 수난을 겪고 있다. 석재로 만들어진 고대 건축물과 조각 등의 문화재는 산성비의 영향에서 벗어나지 못한다. 피해를 본 고대 건축물과 조각상의 주재료는 대부분 석회암 또는 대리석 석재가 사용되었기 때문이다. 이집트의 스핑크스와 유럽의 고대 건축물과 조각상이 부식에 노출되고 있는 것을 우리는 가끔 신문이나 특별한 환경보고서를 통해 접하고 있지만 문제는 생각보다 심각하다. 프랑스 파리의 명소로 12세기 건축물인 노트르담 대성당에 있는 가고일(Gargoyle)은 이미 산성비에 의해 부식이 진행되어 원래의 모습을 찾기가 어려운 실정인가 하면 시청이나 성당 앞의 조형물들이 제 모습을 잃어가는 광경을 종종 접하고 있다. 이들은 모두 산업화 과정에서 생산된 질소와 황산화물에 의해 형성된 산성비의 영향에서 얻어진 결과로 쉽게 치유될 수 있는 것은 아니다.

산성비가 파괴하는 것은 문화재뿐만이 아니다. 산성비가 대지에 스며들면 바위가 침식되고 그 바위 속의 금속 이온들은 정도의 차이는 있지만 조금씩 용해되어 빗물과 함께 떠내려가기 마련이다. 강과 바다는 지표에서 녹아 나온 중금속으로 오염되고 이 중금속들은 먹이사슬을 통해 다시 우리에게 돌아온다. 이 피해는 이미 나타나고 있다. 연안에 있는 어패류의 스트론튬 오염으로 인체에 축적될 가능성이 있다는 지적을 제기하는 환경단체가 있다. 스트론튬은 반감기가 18년인 방사성 물질이다. 그 외에 수은(Hg)과 카드뮴(Cd)의 오염이 연안 어패류에서도 발견되고 있어 주의가 필요한 실정이다.

산성비를 멈추게 하는 방법은 현재처럼 화석 연료가 에너지원으로 이용되고 있는 한 불가능하다. 화석 연료는 기계를 돌리거나 난방을 위한 에너지를 생산하는 긍정적 효과도 있지만, 에너지 부산물로 탄산가스가 생성된다. 탄산가스는 일정량만이 물에 녹아 산성을 나타내고 이것은 약산으로 자연에 피해를 주는 일은 거의 없다. 이 현상은 태곳적부터 행해지던 자연의 진화에 속해 있기 때문이다. 화석 연료를 태워 발생하는 여러 가지 산화물 중에서 질산과 황산은 산화성을 가진 강산성 화합물들이다. 이것들이 문제다.

산성비가 여러 방면에서 우리의 삶에 영향을 미치고 있어 이에 대한 오해도 가끔 발생하고 있다. 예를 들면 사람들은 산성비를 맞으면 머리가 빠진다고 한다. 정말 그럴까? 산성비와 탈모의 영향은 의학적으로는 지금까지는 관련성이 뚜렷하게 증명되지 않은 상태다. 그러나 머리를 감는 샴푸 세제가 가지는 산도는 제품에 따라 다르지만, 일반적으로 산도가 3.0~4.0 정도라고 한다. 우리나라 산성비의 pH 4.4~4.9에 비해 그 산도가 1.4~0.4 이상 낮다. 산도(pH) 1은 산의 농도의 10배에 해당한다. 따라서 샴푸는 산성비보다 4~14배 정도의 수소 이온 농도가 높다고 할 수 있다. 산성비를 맞아 머리가 빠진다면 매일 샴푸로 머리를 감는 사람은 어떻게 될까? 만약 탈모에 샴푸의 영향이 있었다면 아마도 지금쯤 도시의 하늘은 대머리의 반사광으로 더욱 반짝이고 있지 않을까?

4.5

양잿물

　염기는 대부분 쓴맛과 미끄러운 성질을 가지고 있다. 이 미끄러운 성질은 염기성 물질이 피부의 단백질 성분과 반응하여 나타나는 현상으로 강염기성 물질을 손으로 만지면 피부 속의 단백질까지 반응하여 마치 화상을 입을 정도로 위험한 물질이다. 강염기로는 수산화나트륨(NaOH), 수산화칼륨(KOH), 암모니아수(NH_4OH)와 같은 화합물이 이에 속한다. 수산화나트륨의 하얀 덩어리를 우리 조상들은 양잿물이라고 불렀다. 왜냐하면 그 어원이 잿물에서 나왔기 때문이다. 전통적으로 잿물은 볏짚을 태워 시루에 넣고 물을 부어 우려낸 물을 말한다. 한말까지 우리나라에서는 가을걷이하고 난 다음 짚단을 태워 그 재를 시루에 넣고 위에서 물을 부어 타고 남은 재에서 녹아내린 이른바 갈색 잿물이 비누를 대신하는 유일한 세제였다. 그 속에는 수산화칼륨(KOH)과 수산화나트륨(NaOH)과 같은 염기성 물질이 녹아 있었기 때문이다. 그러나 우리나라가 근대화되면서 서양에서 화학적 방법으로 만들어진 하얀 수산화나트륨(NaOH)의 고체가 들어오자 서양에서 들어온 잿물이라 해서 양잿물이라고 했다. 볏짚을 태워 그 속에서 형성된 알칼리 성분을 세제로 이용했던 선조들의 지혜가 돋보인다.

비누는 수산화나트륨 혹은 수산화칼륨과 기름 성분인 지방산(fatty acid)으로 구성되어 있다. 물에 잘 녹는 알칼리 금속 이온과 기름을 잘 녹이는 지방산 성분이 반응하여 비누 성분(RCOO-M: R= fat ; M=Na 혹은 K)을 만들었기 때문이다. 비누의 성분이 되는 지방산(fatty acid)은 물에 녹지 않는다. 왜냐하면 지방산은 식초와 같은 구조로 R 기능기가 작은 경우는 쉽게 물에 녹지만 비누에 사용되는 긴 사슬을 가진 탄화수소일 경우는 R 기능기는 기름 성분을 더 선호하기 때문이다. 그러나 알칼리 성분을 만나 비누가 되면 한 분자가 물과 기름을 동시에 녹이게 된다. 따라서 비누는 세탁물에서 기름 성분을 녹여 물에 녹게 하는 역할을 하는 화학약품에 해당한다.

염기가 나타내는 공통적인 맛을 볼 수 있는 것으로 빵을 부풀리기 위해 사용하는 베이킹파우더를 들 수 있다. 이 베이킹파우더는 탄산수소나트륨($NaHCO_3$)이라는 염기성 물질을 포함하고 있고 이것이 물에 녹아 탄산과 수산기를 형성하기 때문에 염기성을 띠며 맛은 쓰다. 여기서 탄산은 약산으로 강염기의 대상이 될 수 없다. 따라서 빵을 부풀리는 데는 탄산이 작용하고 빵은 염기성을 띠게 된다.

염기성을 나타내는 대표주자라고 할 수 있는 수산화나트륨은 조해성을 가진 물질이다. 조해성은 공기 중의 습기를 흡수하여 스스로 녹는 성질을 말한다. 이러한 성질은 주로 습기 제거제로 사용되고 있다. 조해성은 NaOH의 수산기(OH^-)가 물을 흡수하는 성질을 가지고 있기 때문에 발생하는 자연현상이다. 수산기가 공기 중에서 물을 만나면 O-H$\cdots$$(OH_2)_n$와 같은 결합을 형성하기 때문에 수산기 주위에 많은 양의 물이 배위하게 된다. 나트륨이온(Na^+) 주위에도 물이 배위하지만, 공기 중에서는 매우 약한 결합을 나타내므로 수산화나트륨의 조해성은 수산기에 의해서 주로 일어난다고 볼 수 있다. 실험실에서 전날 저녁 수산화나트륨 병의 뚜껑을 잠그지 않고 퇴근했다면 아침에 물로 가득할 시약병을 발견할 수 있을 것이다.

4.6

강산과 강염기

　강신과 약산 혹은 강염기와 약염기로 표현되는 산과 염기의 세기는 H^+ 혹은 OH^-와 같은 산성과 염기성을 나타내는 이온들을 만드는 정도를 말한다. 이들이 녹아 있는 매질이 물이기 때문에 물속에서의 관찰이 일반적이지만 알코올 혹은 에스테르와 같은 유기용매 속에서도 산과 염기의 농도를 측정할 수 있다. 우선 강산과 강염기는 용매 속에 녹아 들어간 용질이 모두 이온 상태로 분해되어 용질이 원형 그대로 존재하지 않고 있는 상태를 말하고 있다.

　용매가 물인 경우에서 예를 들어보자. 산을 대표하는 물질로 염산(HCl)을 보면 염산은 상온에서 기체 상태로 존재하는 공유 결합성 물질이다. 따라서 기체 상태에서 $HCl_{(g)}$은 산의 성질을 나타내지 못한다. 그러나 이것이 물을 만나면 $H^+(H_2O)_n$와 $Cl^-(H_2O)_n$로 나누어진다. 이 표현은 수소 이온 주위에는 물 분자 여러 개(n)가 배위되어 있고 염소 이온 주위에도 물 분자들이 여러 개(n)가 배위되어 있다는 의미다. 이 표현에서 $(H_2O)_n$이라는 표현은 물 분자가 몇 개가 이온들 주위에 배위되어 있다는 것을 모른다는 것이다. 다시 말하면 이미 물에 포위된 수소 이온은 그 속에 포위되어 마치 물과 같이 행동함을 의미하고 있다. 그러나 이들은 물 분자들을 버리고 다시는 원래의 분자 상태($HCl_{(g)}$)로 돌아갈 수는 없다. 왜냐하면 물 분자에 의해 포위된 수소 이온은 이미 그들과 함께 다중 수소 결합을 형성하기 때문이다. 다시 말해 아보가드로 숫자만큼의 HCl이 물에 녹아 있다면 아보가드로 숫자만큼의 양성자(H^+)가 물속에 녹아 있다는 것이다. 따라서 염산은 물에 녹아 강산의 성질을 가진다.

산은 HAc로 표현하는 일반식을 가지고 있다. 그리고 그 성질은 양성자의 파트너가 되는 염기(Ac^-)의 성질에 의해서 결정된다. 파트너가 양성자를 잘 붙들고 있는 산은 산으로서의 성질을 잘 나타내지 못하거나 약산으로 행동하게 된다. 그와는 반대로 양성자를 쉽게 밀어내는 성질을 가진 파트너를 가진 산의 분자는 쉽게 해리되어 산으로서의 성질을 나타내게 된다. 이 경우 산의 파트너가 되는 염기의 성질은 그들이 가진 집단전기음성도(group electron negativity)가 크게 작용하여 양성자를 쉽게 밀어낼 수 있는 능력을 갖추고 있는 경우다. 양성자는 그 파트너와 전기 음성도의 차이가 크면 클수록 산성이 강해지며 그 차이가 작으면 적을수록 약산 혹은 공유 결합 분자로 남게 될 확률이 커진다.

앞에서 언급한 아세트산(CH_3COOH)의 경우도 대부분은 공유결합 화합물로 물속에 녹아 있고 일부만 해리되어 약산으로 작용한다. 물도 마찬가지다. 100만 개의 물 분자가 있다면 그중 1개가 양성자 H^+와 염기 OH로 나누어지지만, 산의 성질을 가진 양성자와 염기 농도의 비율이 같기 때문에 중성을 나타낸다. 그러나 물이 나타내는 약산성은 그 자체적인 것이 아니라 탄산가스가 물에 녹아 나타내는 성질이다.

지금까지는 양성자를 제공하는 산에 대해 생각해 보았지만, 산을 보다 근본적이며 포괄적으로 접근하는 방법으로 루이스(G. N. Lewis, 1875~1946)적 해석이 있다. 루이스의 여러 가지 업적 중에 화학에서 가장 크게 기여한 것은 원자나 이온의 핵을 둘러싼 전자를 점으로 표현하는 원자 모형을 만들었다는 것을 들 수 있다. 이 교과서적 표현 방법은 원자나 이온의 실질적 존재와는 관련성이 희박하지만, 그가 제시한 이 원자의 모형은 현재에도 화학을 이해하고 설명하는 데 가장 적절한 표현법으로 모든 화학 교과서가 이를 이용하여 화학을 설명하고 있다.

원자나 이온들의 전자 구성을 표현한 점자 모형에 기초한 팔우설 (1916) 또한 루이스가 제안한 방법으로 화학을 이해하고 설명하는 데 이보다 더 나은 방법은 없다. 팔우설은 '여덟 개의 전자와 원자의 주기성'이라는 개념으로 출발했지만, 그가 이러한 주장을 학계에 제시할 당시는 지금처럼 원자론이 나타나기 전으로, 실로 놀라운 제안이었다. 원자 궤도 함수가 모든 원자 상태를 설명할 수 있는 지금 보아도 경이로우며 팔우설은 지금도 화학의 기초를 공부하는 학생들부터 첨단을 연구하는 학자들에게까지 이용되고 있다.

그러나 무엇보다도 루이스의 업적 중 특히 산과 염기에 대한 정의는 다른 모든 학설을 통틀어 가장 근본적이며 보편적인 학설로 인정받고 있다. 이것은 모든 산 염기 이론의 모태로서 '전자쌍을 제공하는 쪽은 염기이며 그것을 받아들이는 쪽이 산'이라는 아주 단순하고 간단한 개념에 속한다.

유유상종-HSAB 개념

루이스의 산 염기설을 벗어나 산과 염기를 정의하는 특이한 방법으로, 1963년 피어슨(R. G. Pearson, 1919~)이 제안한 'Hard Soft Acid Base(HSAB)' 개념이 있다. 이것은 산과 염기와 크기라는 세 가지 인자를 도입한 새로운 시도로서 유유상종(類類相從)이라는 자연의 원칙이 그대로 적용된 개념이다. 예를 들어 이온이나 원자의 크기가 작은 것과 큰 염기를 두고 선택한다면 작은 것은 작은 것을 선호한다는 개념이다. 큰 덩치를 가진 산은 다시 큰 덩치를 가진 염기를 선호한다는 화학종의 크기와 반응성의 관계를 말하고 있다. 여기에서 '딱딱하다(hard)'는 단순한 개념의 화학종은 산으로서는 양성자(H^+)나 리튬 이온(Li^+)이며 염기로는 암모니아(NH_3), 하이드록시 이온(OH^-) 그리고 물(H_2O)이 딱딱한 염기가 될 것이다.

왜 이들을 딱딱하다고 하는 것인가? 이들의 분자 구성을 보면 중심

원자의 주양자(n)수가 1 혹은 2이다. 주양자 수가 1과 2인 원자는 전자가 핵에 가까이 있어 핵의 영향권에서 자유롭지 못하여 마치 탁구공처럼 딱딱하다는 의미로 보면 된다. 그러나 핵이 큰 원자나 이온의 경우는 예를 들면 백금 이온(Pt^+) 혹은 은 이온(Ag^+)은 주기율표의 6주기 즉 주양자(n)수가 6인 위치에 있다. 이들은 산이나 염기로 작용하는 최외각 전자들이 핵으로부터 멀리 떨어져 유연성을 가지고 있다고 할 수 있다. 따라서 최외각 전자껍질은 핵으로부터 멀리 떨어져 있어 핵의 영향을 적게 받고 있다. 이들은 핵자기로부터 유동적이어서 말랑거리는 소프트볼과 같아 반응에서 소프트(soft)한 파트너와의 결합이 하드 파트너보다 유리하다는 것이다. 부드러운 염기의 예는 유화수소(H_2S)와 요오드 이온(I) 등을 들 수 있다.

그들은 핵으로부터 멀리 떨어진 곳에 공여할 수 있는 전자를 가졌거나 내부에 많은 전자를 가져 핵의 영향권에서 비교적 자유로운 위치에 반응에 참여할 전자를 가지고 있는 화학종이다. 이 두 화학종의 결합은 마치 소프트볼처럼 부드럽게 그리고 출렁거리며 결합할 수 있다. 실질적으로 하드(H)와 소프트(S)로 구성된 화학종 CH_3HgOH를 아황산 이온(HSO_3^-)과 반응시키면 $CH_3Hg-SO_3^-$와 H_2O가 형성되는데 여기서 CH_3Hg는 수은을 가지고 있어 소프트한 화학종이고 $OH-$는 딱딱한 화학이다. 반면 H^+는 딱딱한 화학종이고 SO_3는 주위에 차고 넘치는 전자가 있어 부드러운 화학종으로 분류된다. 이 둘의 반응에서 생성되는 것은 $CH_3Hg-SO_3^-$로 소프트-소프트로 구성된 화학종과 HOH로 하드-하드로 구성된 화학종이 형성되는 것을 볼 수 있다. 이것을 한 줄의 화학식으로 정리하면 다음의 반응식으로 설명된다.

$$CH_3Hg\text{-}OH \quad + \quad H\text{-}SO_3^- \quad \rightleftharpoons \quad CH_3Hg\text{-}SO_3^- \quad + \quad H\text{-}OH$$

soft   hard   *hard soft*   *soft   soft*   *hard hard*

   브뢴스테드(Johannes Nicolaus Brønsted, 1879~1947; 덴마크의 물리학자)는 화합물이 프로톤(H^+)을 제공할 수 있느냐에 초점을 맞추어 산과 염기(Brønsted acid and base)를 정의하였다. 이 정의에 의하면 양성자를 제공하기 때문에 산이라고 정의되지만, 루이스는 양성자가 가진 전자의 궤도가 비어 있어 전자쌍을 제공받을 수 있는 공간을 가지고 있기 때문에 산이라고 정의한다는 것이다. 결과는 같지만, 전자쌍과 전자 궤도의 비교되는 부분이다. 브뢴스테드의 염기는 전자 궤도에 전자쌍을 제공한 물질로 정의된다. 따라서 전자쌍을 받아들일 수 있는 능력이 큰 것을 강산이라고 정의하며 그 능력이 적은 것을 약산이라고 정의한다. 예를 들면 보란(BH_3)을 보면 중심원인 보론(B)은 3족 원소로 3개의 전자를 가지며 3개의 전자를 수소로부터 받아 총 6개의 전자를 가지고 있다. 그러므로 2개의 전자쌍을 받아들일 수 있는 한 개의 전자 궤도가 남아 있다. 따라서 보란은 산이다. 같은 개념으로 양성자(H^+)는 하나의 핵과 비어 있는 전자 궤도를 가진 물질이다. 따라서 이것 또한 산이다. 브뢴스테드의 산의 정의에 의하면 양성자를 공급해 주기 때문에 산으로 정의하였다. 이 이론을 루이스가 발전시킨 결과로 말할 수 있다. 따라서 양성자는 브뢴스테드의 산이며 루이스 산이다.

산을 정의하는 방법은 아레니우스(Ahrrenius), 브뢴스테드(Brønsted), 루이스(Lewis) 그리고 피어슨(Pearson)의 하드-소프트 산 염기 이론(HSAB, hard soft acid base theory)과 같이 여러 가지 방법이 알려져 있다. 이들은 산이라는 화학적 개념을 설명하는 한 방법으로 자신들의 생각을 시대에 맞게 주장하였다. 그러나 산과 염기를 설명하는 마지막 수단은 모두 전자의 양과 관계가 있다. 전자의 양이 많은 쪽은 염기 그리고 적은 쪽은 산으로 단순하게 정의할 수 있다. 이들은 항상 상대적 가치를 가지고 있으며 어느 개념을 가지고 설명해도 그 답은 항상 같은 결과로 귀착된다.

산과 염기의 문제를 시작하면서 클레오파트라의 슬픈 이야기를 소개하였다. 역사 속으로 사라져 버린 이들의 이야기를 소개하면서 '이들 중 산으로 행동한 자는 누구이며 염기로 행동했던 자는 누구였을까?'라는 생각을 해본다. 왜냐하면 그들도 상대적 가치를 추구했던 역사 속의 인물들이었기 때문이다. 여왕의 술잔 속에서 반이나 녹아 버린 진주도 안토니우스를 향한 달콤한 러브스토리로 보아야 할까? 아니면 로마라는 거대 국제 세력에 맞서야 했던 여왕의 처절한 몸부림이었을까? 긴 시간이 흘렀지만, 국가와 국가의 외교에서 논리가 없다는 것을 알고 있던 여왕의 선택은 애잔한 결과로 끝났다. 역사는 반복된다. 그리고 오직 힘이 존재할 뿐이다. 이 공식은 지금도 자연과 역사에 공통으로 통용되는 진리다.

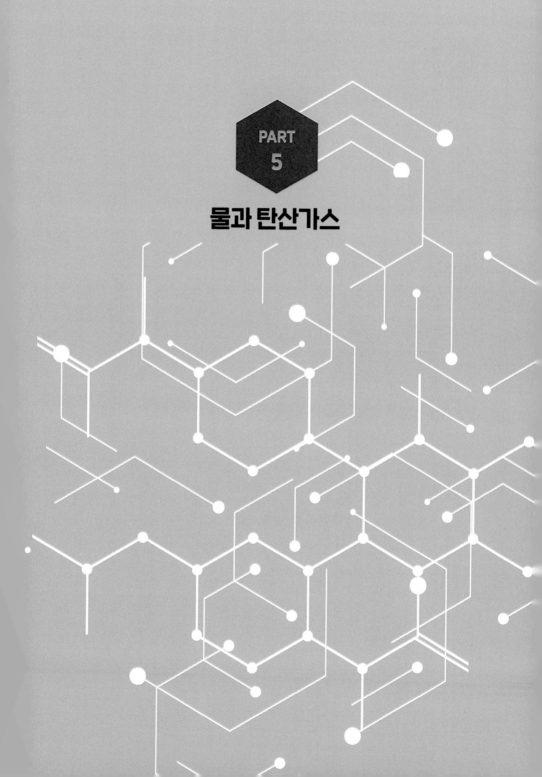

PART
5

물과 탄산가스

타고 남은 재

　탄소가 모든 생명체의 기본 골격을 제공하는 물질이라면 쉽게 이해하는 사람이 몇이나 될까? 대기 중에 존재하는 탄산가스는 고작 0.038%로 질소와 산소에 비해 상대적으로는 턱없이 적은 양이지만 모든 생명체는 바로 대기 중에서 이 기체로부터 얻은 탄소로 생명을 유지하고 살아가고 있다. 살아 움직이는 생명 과정이 끝나면 다시 기체가 되어 생명체를 떠나 대기 중으로 사라져 버리는 기체, 이것이 탄산가스다. 탄산가스는 모든 생명 현상에 없어서는 안 될 소중한 자산으로 관심을 가지고 지켜주어야 할 대상이다.

　그런데도 21세기를 사는 사람들은 탄산가스를 마치 지구상에 있어서는 안 되는 괴물 같은 것으로 취급하고 있다. 아마도 탄산가스가 환경에 미치는 영향에 대해 확실치 않은 이해가 이런 결과를 초래하고 있다고 볼 수도 있다. 이와 관련해서 너무 호들갑을 떨어대는 미디어들의 영향도 한몫했다고 볼 수 있다. 탄산가스에 대한 평판이 세간에서는 좋지는 않지만, 탄산가스는 '다채롭고 매력적이며 모든 생명체의 어머니 같은 물질'이라고 언급하는 이들도 있고 '지질학적 측면에서도 중재자의 역할을 하고 있다'라고 평하는 사람도 있다. 이들이 주장하는 대부분은 물과 탄산가스가 화합하여 이룩한 탄산염에 바탕을 두고 있다. 물과 탄산가스는 둘 다 산화라는 과정을 통해 세상에 왔다. 태워서 에너지를 버리고 남아있는 껍데기다. 이것이 탄산가스고 물이다. 그러나 이 둘이 합하여 이룩한 세상은 참으로 놀랍다.

탄산가스는 탄소의 산화물이고 물은 수소의 산화물이다. 산화란 산소와 결합하는 것을 의미한다. 그러기에 탄소와 수소의 산화에서 남겨진 물질들은 자신들이 가졌던 에너지를 모두 소진해 버리고 한순간에 바닥으로 떨어진 재(ashes)와 같은 물질이다. "아니 재다."라고 말하면 정확할 것이다. 이들이 바로 물과 탄산가스다. 이 둘이 협업하여 탄산을 만들었다. 그러나 이 결합은 매우 놀랍고 신기하다. 직선 구조를 하는 탄산가스는 모든 에너지를 다 태워 버렸기 때문에 더는 화학 반응에 참여하기가 어려운 매우 안전한 물질인 반면 물도 수소의 모든 에너지가 산소와 결합함으로써 빛과 열로 빠져나가 버린 빈껍데기 같은 화합물이다.

이 두 화합물이 만나서 탄산($H_2O + CO_2 \rightleftarrows H_2CO_3$)이라는 공유 결합성 화합물을 만들었다. 그것도 매우 빠른 속도로 만든 것이다. 타고 남겨진 재가 모여 다시 생물학적 유용성을 가진 물질이 되는 탈바꿈이 순식간에 물속에서 이루어진다. 그리고 이 새로운 화합물은 다시 그의 구성원 중의 하나인 수소 이온을 슬며시 내보내며 그들이 살아 있음을 과시한다. 그 자리를 엿보고 있던 물속에 녹아 있던 금속 이온들은 그 자리를 내어준 수소 이온보다 빠르고 강하게 그 자리를 차지해 버린다. 그 결과는 많은 양의 탄산염이 물속에 생성되었다. 탄산가스와 물이 합하여 물속에서 탄산을 만들고 이들이 물속에 녹아서 2가 금속 이온들과 결합하여 탄산염이 만들어지는 과정은 원시 지구환경에서부터 시작하여 지금까지 진행해 오는 자연의 진화 과정에 속한다.

물론 지금은 물속에 녹아 있는 탄산의 양이 적어 매우 느린 속도로 진행되지만, 초기 지구의 대기 중에서 탄산가스가 제거되는 과정에 크게 기여했다고 보고 있다. 원시지구의 대기 중에는 30%가 넘는 탄산가스가 있었고 탄산염은 탄산가스를 물속에 고정시키는 데 큰 역할을 했다. 그 결과 바다에 쌓인 탄산염의 양은 달의 크기 3분의 2에(2/3) 해당하는 부피만큼이라고 한다. 이들이 긴 세월 동안 만들어 낸 탄산염들은 지각이 융기해 산이 바다가 되고 바다가 다시 산이 되는 지각 변화 지역에서 그대로 나타나고 있다. 지금도 옛날에는 바다로 알려진 알프스의 일부 계곡엔 탄산수가 흐르고 있다. 그뿐 아니다. 탄산염은 모든 생명체 속에도 그들의 존재를 남겼다. 갑각류의 껍질과 모든 척추동물의 뼛속에도 탄산염이 존재한다.

탄산가스의 농도는 초기 지구의 대기권에는 지금보다 거의 800배나 되었다. 이를 조절하기 위한 창조주의 지혜는 실로 놀랍다. 탄산가스를 물에 녹여 바다에 탄산염으로 축적한 것 이외에도 식물과 공조한 것이다. 이것은 식물에게 탄산가스를 흡수하는 길을 열어주고 그들의 대사 과정에서 생성되는 산소를 버리게 함으로써 그 폐기물로 동물을 키울

어느 화학 교수의 강의노트-1 물

수 있는 지혜를 발휘한 것이다. 식물이 탄산가스를 받아들여 탄소 골격을 만들면 그중에 자신들이 에너지 활동에 필요한 산소를 다시 남겨 폐기물로 버리게 하고 그 폐기물은 동물이 받아들여 그들이 가진 에너지를 태워 다시 탄산가스를 대기 중으로 배출하는 이른바 동물과 식물이 공동으로 만들어 가는 공조가 지구상에서 시작된 것이다.

이 공조 과정에서 배출되는 생성물은 모두 기체다. 지구를 덮고 있는 모든 식물의 탄소 골격은 탄산가스와 물과 태양으로부터 들어오는 빛에너지가 만들어 낸 공동 작업의 결과물이다. 이들이 만나 탄소동화작용이라는 기능을 통해 공기 중의 탄소를 받아들이는 행위는 나노 시간의 순간에 이루어진다. 이 반응은 또 기체이기 때문에 일어날 수 있는 현상이다. 만약 이 반응이 액체나 고체였다면 이 생화학 반응은 없었을 것이다. 이 순간적 공조가 오늘의 아름다운 지구를 탄생시킨 최고의 나노조련사였다.

탄산가스가 물을 만나 지구의 생태계를 구성하는 데 아직 우리가 알지 못하는 부분도 여전히 존재하고 있다. 그것이 식물에 의해 시작된 것이든 동물이 조화를 부린 것이든 간에 상관은 없지만, 식물은 동물이 꼭 필요한 산소를 제공해 주고 식물은 동물이 버리는 쓰레기를 이용해 그들의 몸집을 불려가고 있다. 동물과 식물 사이에 행해지는 이 공조는 처음 생명체의 탄생에서부터 오늘까지 끝없이 이어온 생명을 담보한 도박과 같다. 만약 어느 한 곳에서 공조가 깨지고 그것이 지구상의 모든 생명체에 영향을 미치게 된다면 이 아름다운 지구는 생명이 없는 별로 다시 돌아갈 수 있다는 상상도 할 수 있다. 그런데 이 변하지 말아야 할 진리에

균열이 오고 있다는 것이 현재를 살아가는 기후학자들의 생각이다.

지구에 아직 생명체가 존재하지 않았을 때 그러니까 35억 년 전의 원시 지구에는 탄산가스는 대기권의 가장 많은 성분이었다. 이 기체는 대기권(atmosphere)뿐만 아니라 지권(geosphere)과 수권(hydrosphere)에도 고루 퍼져 있는 성분이었다. 그때의 대기압은 지금보다 더 크게 작용하였다. 왜냐하면 중력권 안에 머물고 있던 탄산가스는 비중이 1.529로 현재 대기를 구성하는 산소나 질소보다 더 크기 때문이다. 지금도 지구의 환경과 비슷하다는 금성은 탄산가스가 95%로 대기압은 지구의 90배에 이른다. 이는 바다에서 1km 수심의 깊이가 느끼는 기압과 같다고 한다. 그곳은 지금도 탄산가스에 의한 온난화로 표면의 온도가 470℃에 이른다.

그러나 지구의 지권에서는 탄산가스와 물이 만들어 낸 탄산이 지구의 표면을 형성하고 있던 금속 이온들과 반응하여 탄산염을 만들었고 이 이온 반응에 의해 바위 표면의 금속 이온 반응에 의해 바위 표면은 푸석푸석하게 부풀어 올라 마치 땅 위에 서릿발이 일어나는 것 같았을 것이다. 이 과정에서 형성된 여러 종류의 탄산염은 빗물에 의해 바다로 운반되었고 바다의 밑바닥은 석회가 쌓이기 시작하였다. 지구를 구성하던 대기도 높은 탄산가스의 농도에 의해 지금보다도 더 높은 기온이 나타나 지구 온난화는 지금 우리가 생각하는 정도를 훨씬 상회하고 있었을 것이다. 생명체가 없는 뜨거운 지구에는 매일 같이 뜨거운 비가 내리고 지각에 쌓인 탄산염들은 씻겨 바다로 운반되었다. 그러는 과정에서 대기권에 포함되었던 탄산가스는 점차 줄어들기 시작하였다.

어느 화학 교수의 강의노트-1 물

순환주기에 놓인 탄소

앞에서도 언급이 있었지만, 탄산가스와 물의 관계는 매우 흥미롭다. 탄산가스는 화학적으로 거의 완벽한 구조를 하고 있고 물 1ℓ에 1.45g(1.45g/ℓ)가 녹는다. 이것은 물속에 녹아 이는 산소(0.042g/ℓ)보다 35배나 많은 양이다. 이들이 실험실에서 측정을 위해 사용된 1ℓ 비커에 녹아 있는 양이라면 문제될 것은 없다. 그러나 그것이 오대양의 바닷물에 녹아있는 양이라면 문제는 달라진다. 그뿐 아니다. 탄산가스는 물에 녹아 일부는 탄산이라는 약산을 형성하여 작용함으로 물속에 녹아있는 금속 이온들과도 쉽게 반응하여 탄산염을 만들었고 이 탄산염의 대부분은 용해도가 낮아 물속에 퇴적되면서 30%가 넘던 대기 중의 탄산가스가 물속에 축적되어 대기권에 존재하던 거대한 양의 탄산가스는 서서히 줄어들기 시작하였다. 그 결과는 현재 1억 5천만 년 ~1억 2천만 년 전에 형성된 돌로마이트($CaMg(CO_3)_2$)와 능철석($FeCO_3$)의

퇴적층에 연대별로 탄산염의 감소가 이루어지는 역사가 그대로 기록되어 있다.

대기권의 탄산가스는 차츰 줄어들었지만, 바다의 표면에 나타난 유기물들과 강력한 태양에너지에 의해 광합성이라는 새로운 현상이 나타나기 시작하였다. 식물이 빛과 탄산가스와 물을 이용하여 유기물 속의 탄소로 생명의 골격을 형성하는 광합성이라고 불리는 섬세하고 민첩한 광화학 반응이 나타나기 시작하였다. 이 나노반응은 아주 작은 단위의 나노 공간(나노; nano, 1/1,000,000m)에서 아주 짧은 순간(나노초; 1/1,000,000sec)에 일어났다. 이 화학 작용은 실험실에서는 도저히 따라 할 수 없는 자연의 경이로운 기능으로, 광합성이 일어난 시기는 엽록소가 생기기 전 여러 가지 유기물들과 태양 그리고 물이 만들어 낸 광화학 반응의 시작점이다. 탄소동화작용은 일반적인 유기합성에 의해서는 결단코 시행할 수 없는 깔끔하고 순간적인 반응이다. 이 반응은 지금으로부터 5억 8천만 년 전부터 바다의 표면에서 나타난 현상으로, 결과는 엽록소를 가진 식물의 탄생으로 이어진다. 이와 병행하여 대기권에는 거의 존재하지 않던 산소가 나타나기 시작하였다. 대기권에 산소의 함량이 증가하면서 오존층도 생겨나고 이것이 태양으로부터 들어오는 짧은 파장의 자외선을 막아주어 지구환경은 원시동물의 탄생과 생존에 적당한 조건을 제공하기 시작하였다.

원시지구의 물속에 녹아 있던 탄산가스에 의해 고정된 탄산염의 양은 3천만~1억 기가 톤(1 giga ton: 10억 톤)이라는 천문학적 양이다. 과거 바다였던 곳에는 어느 곳이나 탄산염의 흔적이 발견되고 있다. 지금도 알프스 북쪽 그러니까 독일 남부 알프스에서는 석회석이 녹아 희뿌연 뜨물과 같은 물이 강을 따라 흐르고 있다. 이 강물은 알프스를 벗어나면서 농도가 낮아져 맑아지지만, 물속에는 석회석이 다량 녹아 있어 수돗물을 생산하는 과정에서 이를 제거하는 것이 지금도 큰 과제로 남아 있다. 알프스의 석회석이 묻힌 곳은 옛날에는 깊이가 약 4미터 정도의 평화로운 바다였다고 한다. 그 평화로운 바닷속에 살고 있던 조개들에게는 그들의 생존에 쾌적한 환경을 제공해 주는 장소로 그들이 살아왔던 긴 세월 동안 그 바다에는 조개껍데기가 쌓이고 쌓여 형성된 조개 무덤이 형성되었다. 그 바다가 지층의 변화로 솟아 현재 알프스가 되었고 바다가 위치했던 곳에서는 지금도 석회석이 물에 녹아 흐르고 있다. 그러나 그 당시 육지였던 알프스의 다른 알프스 지역 즉 티롤(Tirol) 지방이나 스위스와 프랑스의 접경에서는 석회석이 없는 맑은 강이 흐르고 있다.

현재도 물속에는 4만 기가톤(Gt, gigatone)의 탄산가스가 녹아 있으며 이것은 동물과 식물의 바이오매스에 고정된 양(560~650기가톤)에 비해 70배 이상이다. 이와 더불어 생명체의 진화 과정에서 가장 놀라운 것은 매년 60기가톤의 탄산가스가 광합성에 의해서 생물권에 저장되고 있다는 것이다. 모든 식물은 이 과정에 의해 탄소 골격의 단단한 모양을 만들어 간다. 만약 100kg의 나무 한 그루가 있다면 그 중 물이 약 50%의 무게를 차지하며 그 밖의 원소들을 제외하면 탄소는 정성적(定性的)이지만 약 22kg이라고 한다. 그렇다면 그 탄소는 어디서 온 것일까? 그것은 공기 중의 탄산가스가 탄소동화작용으로 나무가 고정한 것이다.

　아직도 탄산가스가 지구환경을 파괴하는 괴물로 느껴진다면 우리가 먹는 곡식을 구성하는 탄수화물을 다시 한번 더 들여다보자. 탄수화물은 44% 정도가 탄소로 구성되어 있다. 탄산가스는 알곡식의 탄소 골격을 이루는 기본 분자다. 이 탄소 역시 공기 중의 탄산가스에서 왔다. 탄산가스가 없으면 지구상에 있는 모든 식물은 존재할 수가 없다. 식물은 탄산가스로부터 시작하여 탄산가스를 흡수하여 성장하고 탄산가스로 다시 돌아간다. 그리고 동물은 식물의 대사에서 버려지는 산소로 살아간다. 먹이사슬의 정점에 있는 인간도 이 규칙에서 벗어날 수 없다. 탄산가스는 아직도 750 기가톤이 대기 중에 있으며 3천 기가톤이 땅속에서 땅의 부식을 돕고 있다. 대기권에 존재하는 탄산가스의 비율은 0.038%로 양적인 면에서 본다면 상대적으로 적은 양이다. 그러나 그 힘은 대단하여 모든 생명체의 골격을 이루는 물질로 작용하고 있다.

5.3

온난화의 주범

그렇다면 탄산가스가 어떻게 지구의 온난화에 영향을 미치는 것인지 살펴보면 창조주의 능력이 정말로 경이롭다. 이것은 분자의 세계로 다시 들어가야만 볼 수 있는 현상이다. 모든 분자는 그들의 에너지를 진동이라는 움직임 속에 감추고 있다. 이 진동에너지는 분자가 생겨나면서 부여받은 분자의 고유한 에너지이고 증표와 같은 것이다. 탄산가스가 탄산가스인 것은 그들이 창조주로부터 부여받은 4가지 진동 모드(형태)를 가지고 있기 때문이다. 그중 둘은 환경에 영향을 주지 않으니 여기서는 설명할 필요가 없다. 그러나 나머지 둘이 문제다. 이들의 진동 모드는 유감스럽게도 탄소를 중심으로 좌우가 같은 대칭형의 진동이다. 이 대칭형의 진동은 열선을 받아들이지 못하고 반사해 버리는 성질을 가지고 있다.

태양에서 지구에 들어오는 에너지는 빛이라는 진동에너지의 다발이다. 그러나 태양에너지가 지구에 도착하면 빛에너지는 파장이 그보다 긴 적외선이라는 열선으로 바뀌고 다시 우주로 향해 서서히 지구를 떠난다. 그런데 우주로 돌아가던 열선이 대기권에서 탄산가스와 충돌하게 되면 탄산가스가 가지고 있는 대칭 진동(symmetric vibration)은 지구로부터 오는 적외선을 다시 지구로 반사해버린다. 비대칭 진동(unsymmetric vibration)에 의해 흡수된 진동은 흡수되어 다른 수준의 진동으로 바꿔서 다시 우주로 향한다. 따라서 지구의 하늘에 떠 있는 탄산가스의 대칭 진동은 열을 우주로 날아가는 것을 막아주는 방패로 작용하고 있다는 것이 지구 온난화의 과학적 근거이다. 따라서 대기 중에 이 기체가 농도가 진해지면 진해질수록 지구로 돌아오는 열에너지는 증가하게 된다는 것은 자명한 일이다. 이는 이론적 관점에서 확실한 증거를 가지고 있기 때문이다. 지구를 둘러싸고 있는 0.038%의 탄산가스는 이 일을 충실하게 수행하여 지구의 온난화에 기여하고 있다고 할 수 있다.

결과적으로는 탄산가스가 많아지면 많아질수록 지구로 돌아오는 열선(적외선)의 증가되는 양에 의해 대기의 온도가 상승한다는 것엔 이론이 없다. 현재 공기 중의 탄산가스 비율의 증가세는 꾸준하여 매년 약 2ppm씩 증가하고 있다고 한다. 이론적으로 본다면 그 증가세에 해당되는 양만큼 지구는 더 따뜻해져야 한다. 그러나 탄산가스의 증가가 꼭 지구의 온도를 높이는 주범인가 하는 문제는 좀 더 생각해 봐야 할 문제다. 왜냐하면 지구에서 우주를 향해 떠나는 열선을 막고 있는 물질들은 탄산가스 말고도 여러 가지가 있기 때문이다. 예를 들면 하늘에 떠 있는 물이다. 현재 구름 속에 머무는 물의 양은 39만km²이나 된다. 소양호의 저수량이 약 2억 톤이니 소양호가 담고 있는 물의 약 2만 개 정도가 하늘에 떠 있다고 보면 된다. 이 거대한 양도 지구에서 떠나는 열에너지를 막고 있다. 예를 들면 구름이 많은 여름날이 후텁지근한 이유가 구름이 지구를 떠나는 열선을 막아 다시 지구로 돌려보내기 때문이다. 이 후텁지근한 날씨가 더 피부에 와 닿지만, 고려의 대상은 아니다. 왜냐하면 이것은 오래전부터 있었던 현상이며 오직 물리적으로 수증기와 열선의 충돌에 해당되기 때문이다. 그와는 반대로 사막의 밤이 차가운 것은 열을 막아줄 구름이 없기 때문이다. 사막의 하늘을 가려주는 물이 하늘에 없어 일어나는 현상이다. 그 하늘에도 탄산가스는 있다. 그러나 그것만으로는 사막의 모래 위의 열을 온실처럼 가두어주지 못한다.

이 결과를 들여다보며 비교해 볼 때 탄산가스는 지구의 온난화의 아주 적은 변화에 참여하고 있다고 할 수 있다. 그렇다고 지구 온난화에 물이 기여하고 있다고 하는 사람은 아무도 없다. 그것은 하늘에 떠 있는 물의 양은 항상 일정하기 때문이지만 같은 위도에 있는 사막과 습한 열대지방의 기후에서 일어나는 현상을 설명할 수 있는 구체적 자료가 부족하다는 것일지도 모른다. 그러나 현재는 '물은 지구의 온난화의 주범이 아니다'라고 평가하고 있다. 그 외에도 메탄과 탄화수소 화합물들 그리고 할로겐 화합물들도 그 역할을 하고 있다. 대기권에서 분자 단위에서 지구 온난화에 영향을 미치는 화합물들은 여러 가지가 있다. 이들 모두가 지구 온난화의 공범이라는 것에 작은 주의라도 기울여야 한다.

5.4

프네우마

다시 탄산가스로 돌아가면 기후를 다루는 주제에서 그렇다고 탄산가스가 빠질 수는 결단코 없다. 그러나 탄산가스의 배출량이 어떤 영향을 미치며 탄소세가 무엇인지 아는 사람은 흔하지 않다. 그런데도 탄산가스는 국제적으로 규제의 대상이 되면서 인구에 회자되고 있다. 세간의 이야깃거리에서 탄산가스는 기후 파괴자라는 이름으로 다시 고대의 종교적 의미의 프네우마(pneuma)로 돌아가 버린 것이다. 프네우마는 영혼(soul)을 뜻하는 고대 그리스 말이다. 왜 탄산가스만이 기후에 영향을 미치는 바로 그 불쌍한 영혼이 되어야 하는가?

분명 탄산가스의 배출량이 부정적으로만 다루어지는 것에는 문제가 있다. 어차피 탄산가스를 죽은 자의 영혼을 다루듯 하는 것은 이 기체가 영혼이 떠나고 남겨진 재이기 때문은 아닐까? 그러나 현재의 지구의 평균기온은 15℃ 정도로 매우 쾌적한 상태다. 만약 이들이 없었다면 지구의 평균기온은 -18℃가 될 것이라고 예측하는 보고서도 있다. 이 보고서를 기준으로 고려해보면 탄산가스는 지구가 얼음 왕국이 되는 것을 막아준 고마운 물질이라는 것에 생각이 머문다. 따라서 지구의 환경을 생각하는 방법에서 탄산가스는 지구의 온도를 쾌적하게 유지해 주는 유익한 기체가 될 수 있다는 양면성도 고려되어야 한다. 타고 남은 재가 다시 기름이 된다던 시인의 절규는 비록 이 경우를 두고 예언했던 사항은 아니지만 타고 남겨진 재가 다시 논쟁의 중앙에 와 있다.

그보다 더 중요한 것은 (지극히 정성적이지만) 살아있는 나무 1kg은 매일 공기 중의 탄산가스 0.8g을 흡수하여 0.6g의 산소를 생산해 낸다는 것이 인구에 회자되고 있다. 다시 말해 탄산가스는 산소를 생산해 내는 공장의 원료가 되고 있다. 그러나 탄산가스의 배출과 생산의 순환 과정이 균형을 잡지 못하면 모든 생명체의 삶에 영향을 미치게 되고 이것이야말로 고대인들이 말하는 영혼의 문제가 될 수도 있다. 동물과 식물의 영혼을 담보로 하는 동거는 언제까지 지속될 수 있을까?

현재 지구에서 일어나는 탄산가스의 증가량은 식물이 소비할 수 있는 한계를 벗어나고 있다. 이것은 과거로부터 이어져 오는 탄산가스의 균형적 운영(평형)이 심각하게 교란받고 있음을 의미하고 있다. 이 불균형의 폭이 조금씩 증가하고 있다는 것은 명확한 사실이다. 프네우마 (pneuma)의 심기를 건드릴 수준까지 진행된다면 그 결과는 누구도 예측할 수 없다.

탄소동화작용으로 소비되는 탄산가스의 양이 배출량을 따라잡지 못하고 있다. 지금부터 100여 년 전에는 탄산가스의 농도가 대기권에 280ppm이었다고 한다. 그러나 지금은 380ppm으로 증가하였다. 이것은 지난 100년간 산업혁명을 통해 나타난 새로운 산업에 필요한 에너지를 공급하는 원료가 석유와 석탄과 같은 화석 연료로 공급되면서 대기 중의 탄산가스의 양이 증가했기 때문이다. 그런데 이 화석 연료는 4억~1억 5천만 년 전에 광합성에 의해 생성되어 매장된 지구의 탄소였다. 이 탄소는 그 당시에 대기를 구성하던 30%나 되던 탄산가스의 일부였다.

산업의 발달과 인간 사회의 변화로 수억 년 동안 대기권에서 사라졌던 탄산가스가 부활하여 돌아온 것이다. 그런데 현재 밀물처럼 밀려오는 현상을 힘으로 막아보려는 것이 탄산가스의 해결책이라 내놓고 있다. 예를 들면 탄소세와 같은 것이다. 그것은 매우 비효율적 정책이다. 그리고 그 정책이 '성공할 수 있을까?' 하는 생각에는 부정적 의견이 많다. 그렇다면 탄산가스의 배출이 가져오는 과잉 생산량에 대한 해법은 없는 것일까? 그 해결 방법은 분명 존재하지만, 국가 간의 이해가 상충되는 부분에서 지구인 모두의 영혼을 담보로 한 거래를 하고 있다. 탄소 에너지의 활용을 막지 못하고, 밀림이 개발되는 것도 막지 못하면서 탄소세를 논하는 것은 더 이상 이성적 접근이라고 할 수 없다.

여기에 하나의 문제를 더 첨가한다면 바이오매스가 생산해 내는 탄산가스의 양은 온난화에 어떤 영향을 미칠까? 하는 것이다. 이에 관한 어떤 보고서에는 '사람의 호흡에 의해 생산되는 탄산가스의 양은 계산된 데이터를 보면 사람의 폐활량을 0.5ℓ로 보고 들숨에는 0.038ppm

의 탄산가스를 들이마시지만, 날숨에는 약 4%의 탄산가스가 들어 있다. 1분마다 14번 전후로 호흡하는 것을 전제로 1분당 6.5ℓ의 공기를 들이마신다면 매일 700g의 탄산가스를 생산해내고 1년이면 260kg의 탄산가스를 인간이 생산해 낸다. 세계인구가 76억 명(2018년 기준)이면 호흡에 의해서 생산되는 탄산가스의 양은 19억 톤이 된다. 이 양은 전 세계의 자동차가 생산해내는 약 18억 톤의 탄산가스의 양과 비슷하다. 그 외에 농장에서 생산해 내는 탄산가스와 다른 바이오매스들에 의해 생산되는 탄산가스의 양을 고려하면 자동차의 배출가스에 포함된 양을 훨씬 추월한다고 볼 수 있다.

그런데도 바이오매스에 의한 데이터가 지구 온난화 측정 데이터로 활용되지 않는 것은 이들의 순환 주기와 관련이 있다. 바이오매스가 생산해 내는 탄산가스는 화석 연료와 비교하여 순환 주기에서 큰 차이를 보이고 있기 때문이다. 화석 연료의 순환 주기는 몇 억 년에 달하지만, 바이오매스의 순환 주기는 몇 달 혹은 몇 년에 불과하다. 따라서 바이오매스에서 발생된 탄산가스는 그 순환 주기 내에서 흡수한 것을 다시 배출하는 것으로 흡수와 배출이 평형을 이루고 있어 이것을 탄산가스의 총계에 포함시키는 것은 무의미하다. 반면 화석 연료는 몇천 년 내지는 몇 억 년의 시간이 필요하다. 죽었던 화석이 살아나 그 양을 보태고 있다는 셈이다. 따라서 이들의 순환 주기에는 평형을 이룰 수 없다. 결과는 화석 연료의 연소에 의한 탄산가스의 생성은 온실가스의 증가에 영향을 줄 수밖에 없다.

5.5

탄소순환과 생명의 탄생

대기권에서 일어나는 탄산가스와 관련된 불균형이 매년 5기가 톤 이상이다. 이 잉여 생산량이 매년 증가하고 있다. 이것을 매년 대기권과 지권 그리고 수권이 받아들여야 한다는 것인데 자연은 그 한계에 와 있다. 여기서 우리가 알 수 있는 것은 현대인의 생활 방식이 탄산가스의 증가에 결정적인 역할을 하고 있음이다. 산업이 발달하면서 인간은 자연을 등진 삶을 살아가고 있다. 그 결과는 우리가 지금 위험한 동거에 들어가고 있다는 사실을 알아야 한다. 생물권이 인간에 의해 인위적으로 공급되어 오는 탄산가스의 양을 처리하는 데 그 한계를 보이기 시작했기 때문이다.

장기적으로 탄산가스의 과잉이 지구의 온도를 상승시키면 생물권이 멸망할 수도 있다는 주장을 다음과 같은 표현으로 대신하고 있다. '대기권에 탄산가스의 양이 7%가 되면 인간은 바로 의식을 잃을 수 있고 그다음은 죽음이 기다리고 있을 뿐이다' 지금 그 농도가 0.038%라고 안심할 수 있을까? 7%가 되려면 약 180배의 탄산가스가 더 필요하다. 그때까지는 서서히 그리고 고통스럽게 운명의 신은 인간을 괴롭힐 것이다. 그러나 우리는 그 사실을 너무나 잘 알고 있다. 그리고 지금부터 그 대책이 시행되고 있다고 하지만 현세를 살아가는 인간들의 생각들은 본심을 감추고 첨예하게 대립된 정치적 경제적 조건들을 먼저 내세우고 있는 것은 아닐까?

탄산가스는 광합성을 이용해 탄소를 고정해 대기 중의 농도를 줄여 식물의 탄소골격에 저장하였다. 식물의 탄소 골격의 빈자리를 채워 유기물의 완전한 분자를 만든 것은 물이었다. 물은 스스로 분해하여 유기물의 불완전한 빈자리를 채워주었다. 물속에 녹아 있던 탄산가스는 물과 반응하여 탄산을 만들어 탄산과 탄산가스를 동적평형에 놓이게 해 주었다. 탄산가스의 압력이 증가하면 탄산가스는 물속으로 더 녹아 들어가서 탄산의 농도를 증가시켰고 반대로 탄산가스의 압력을 줄이면 물속의 탄산이 분해되어 대기 중의 탄산가스로 돌아가게 했다.

자유산소의 기포가 물속에서 생기기 시작한 것이 지금으로부터 24억 년 전의 일이다. 이 미세한 움직임으로 자연은 유기물질을 산화시켜 에너지를 얻을 수 있는 체제(體制)를 만들었고 여기서 시작된 탄소 순환은 생명의 탄생을 알리는 전조(前兆)였다. 이렇게 보면 탄산가스는 모든 것을 빼앗기고 남겨진 재가 아니라 생명의 능동적 참여자가 되었다. 대기권에서 탄산가스의 농도의 변화는 늘 생물권에 깊게 관여해 왔다. 생명이 광합성을 하면서 대기 속의 탄산가스의 양이 줄어들었고 미세하지만, 지권에서는 탄산가스가 빗물에 녹아들어 탄산이 되어 지표의 암석에서 미네랄들을 녹여 바다로 보내고 있다. 탄산가스의 양과 대기 중의 산소의 양은 서로 반비례하며 진행되다가 현재는 평형에 와 있다고 볼 수 있다. 이 동적평형이 교란받지 않게 하는 것은 이제는 우리의 몫이다.

그러나 현대인은 탄산가스를 악마처럼 생각하고 있다. 탄산가스가 그렇지 않음을 앞에서 여러 가지로 설명하였다. 여기에 물을 더해보자. 그들은 모두 산화 과정을 통해 세상에 왔지만, 물과 탄산가스는 같은 평가를 받지 않는다. 물과 탄산가스는 모두 산소에 의해 에너지를 소진하고 타 버린 재다. 모든 것을 다 버린 상태로 타고 남겨진 재들이 되어 세상에 왔지만, 다시 결합하여 자연을 움직이는 에너지가 되었다. 탄산이 바로 그것이다. 그는 능동적 참여자다. 탄산은 물이 남자로 그리고 탄산가스가 여자로 만나 이룬 새로운 세상의 가정과 같다. 산과 염기의 반응으로 그들이 만나면 공동운명체가 된다. 그리고 지구에서 일어나는 변화를 이끌어가는 주역이 바로 이들이다. 탄산염은 그들이 만들어 낸 자식들이다. 그리고 그 자식들이 지구를 지배해 버렸다. 바다와 산과 생물체의 몸속에까지 침투해 그들이 행할 수 있는 역할을 수행하고 있다. 생물학적 광물생성작용(biomineralogy)이 그들이 생물체의 골격을 이루는 작용이라고 학자들은 이야기한다. 이제야 인간들은 그들의 존재를 인식하기 시작하였다. 인간은 시원하고 새콤한 물맛에서부터 동식물의 골격과 인위적인 건축물과 조각품에 이르기까지 그들이 점령한 모든 것을 사랑한다. 이들이 모여 만든 세상은 실로 아름답다.

화성과 같은 지구와 크기가 비슷한 별에 생명이 살 수 없는 것은 이 둘 중 물 때문이다. 물이 없으면 생명도 없다. 물은 푸른 지구를 만드는 원동력이며 전부다. 그리고 그 안에 생명체가 살아가게 만드는 것은 탄산가스의 역할이다. 어느 것 하나 소홀히 대할 수 있는 것이 없다. 지금은 탄산가스가 증가하는 시기라고 하지만 탄산가스가 하나도 없는 세상은 바로 죽은 세상이 될 것이다.

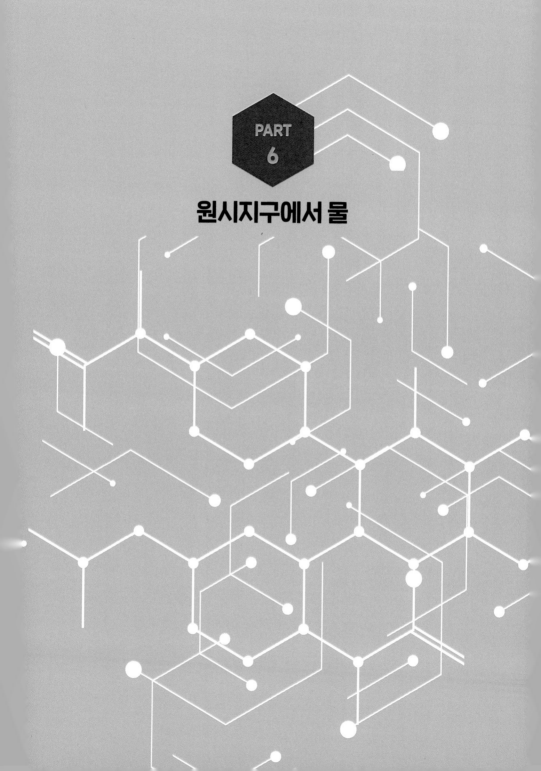

PART
6

원시지구에서 물

탄생

　먼 옛날 그러니까 138억 년 전에 우주는 지금처럼 밤하늘에 별들이 반짝이는 맑고 깨끗한 공간은 아니었다. 그곳은 뜨거운 열기와 미립자들로 가득한 이른바 혼돈과 무질서의 공간이었다. 그곳을 메운 미립자들은 물질을 구성하는 원자가 아니었다. 그것은 원자를 구성할 수 있는 조건과 성분들이었다. 우주는 긴 시간을 거치며 서서히 식어갔고 미립자들은 상호작용의 관계성이 용인된 온도에 이르자 스스로 미립자들은 우주의 질서를 찾아 원자들을 만들기 시작하였다. 이 과정을 여러 가지 부품으로 하나의 완성품을 만드는 조립 과정에 비유한다면, 맨 처음 그 과정을 거쳐 탄생한 원자가 수소와 헬륨이었다. 그리고 다시 긴 시간이 흐르는 동안 우주는 점차 식어 수소가 만들어지던 온도보다 한참이나 더 냉각되자 한 진화된 과정이 나타났다. 수소 원자와 수소 원자 그리고 수소 원자와 헬륨 원자 간에 상호작용이 일어나 원자들의 핵이 합쳐지는 핵반응이 나타났다. 핵반응이란 원래 그들의 모체가 가진 성질을 완전히 버리고 새로운 원자로 새롭게 태어나는 과정이다. 따라서 그 결과물들은 어디에서 어떤 방법을 통해 거기까지 왔는지에 대한 정보를 공유하지는 않는다. 그러나 이 새로운 탄생은 자연의 질서에 따라 만들어진 성질과 모양으로 자연의 일원이 되었다.

따라서 수소와 헬륨을 제외한 주기율표에 나타난 원소들은 수소가 만들어진 과정과는 달리 핵융합이라는 미립자의 근본이 합쳐지는 과정을 통해 순차적으로 만들어졌다(1.5 참고). 여기서 순차적이란 가벼운 원소가 먼저 만들어지고 무거운 원소가 차례로 만들어졌다는 것을 의미한다. 그리고 또 많은 시간이 흘렀다. 우주는 식어 거의 상온에 이르자 원자들은 더 이상 그들의 방법에 의해서 새로운 원자들을 만들어낼 수 없었다. 왜냐하면 더 이상 원자들을 만들어낼 수 있는 온도조건이 사라져버렸기 때문이다. 우주는 다시 고요 속으로 빠졌다.

그러나 그 고요 속에서 원자들은 새로운 설계도를 내놓았다. 분자였다. 이 방법은 원자들이 핵은 그대로 두고 전자들만의 힘으로 새로운 세상을 만드는 방법을 설계한 것이다. 그때까지 해오던 핵반응이 아닌 전혀 새로운 방법에 의해 탄생한 것이 바로 분자다. 이 과정에서 원자의 핵은 분자를 만드는 과정에 참여하지 못하고 전자들의 움직임만 지켜보는 신세가 되어 버렸다. 핵들의 세상에서 전자들의 세상으로 바뀐 것이다. 최초의 분자는 수소 분자와 같은 동종(homo) 이원자 분자의 형성이었을 것이다. 그다음은 이종(hetero) 원자 간에 일어나는 화학반응으로 금속 원자와 산소가 반응하여 만든 산화물이었다. 이

산화물들은 먼지처럼 모여 우주를 떠돌던 다른 산화물들의 먼지와 합하여 모래알 같은 입자들이 형성되었고 이 작은 입자들이 모여 점점 덩치를 키워 돌덩이가 되고 이들은 만유인력의 법칙에 따라 서로 응집하고 세력을 키워 점점 성장하여 우주에는 별이 생겨나기 시작하였다. 따지고 보면 우주의 별이 형성된 것도 수소로부터 출발했다는 것이다(1.7 참고).

6.2

수소의 꿈은 방랑자

할로 새플리(Harlow Shapley, 1885~1972; 미국, 천문학자)는 "만일 신이 세상을 한 단어로 창조했다면 그 단어는 분명 수소였을 것이다."라고 말하고 있다. 이따금 별의 표면에서는 거대한 폭발과 함께 여러 가지 원자들이 새롭게 생겨나기도 했지만, 우주는 분명 수소 원자의 단순함이 만들어 낸 작품이 분명하다. 수소와 산소가 합해서 물이 형성된 과정도 아마 이 시기에 우주의 어느 때 여러 곳에서 일어난 현상이었을 것이다. 그리고 긴 세월 물은 우주를 떠돌다 서로 뭉쳐지고 흩어지는 과정을 통해 우주의 어느 공간에 공급되었고 그렇지 못한 물은 운석에 흡수되어 우주의 방랑자로 남았을 것이다.

그렇다면 물은 지구에 어떻게 유입되었을까? 형성 혹은 유입에 관해서는 여러 가지 상반된 견해들이 분분하여 쉽게 결론지을 수는 없지만, 이 주제는 우주의 생성과 맥을 같이하고 있어 흥미롭다.

물은 단순한 물질이다. 구조상으로 보여주고 있는 이 단순함에는 하나의 분자로서 역할을 수행하기 위해 많은 것을 감추고 있다. 그렇기에 물은 일반적이지 않다고 하지 않는가. 물이 감추고 있던 이 비밀들은 하나의 일관되고 합리성으로 연결된 과학이 풀어가야 할 숙제다. 수소는 우주에 맨 먼저 그것도 한꺼번에 우주 전체에 나타난 원소로 그 구성이 단순하며 반응성이 높아 다른 원소와 결합하여 수소가 포함된 화합물인 수화물을 쉽게 만드는 경향성을 가지고 있다.

그러나 수화물들은 쉽게 분해되어 산이나 알칼리 성분을 가진 물질이 되기도 하는데 산이 되는 경우는 자신보다 월등하게 큰 전기 음성도를 가진 원소와 결합했을 때만 가능하다. 힘센 이웃 원소에게 전자를 빼앗겨 버린 수소는 빈털터리가 되어 자기가 속했던 물 분자를 떠나야 한다. 이른바 바람을 피우는 것이다. 그리고 다른 파트너의 첩이되어 다른 물 분자의 테두리 안으로 들어가 함께 존재한다. 그런데 이장난기 많은 수소 원자가 정상적인 상태로 존재하던 물에 첨가되면 그분자를 구성하던 두 개의 수소마저도 첩이 되어 버린다. 왜냐하면 이셋의 얼굴이 똑같아 주인은 딱하지만, 이 셋을 구분할 수가 없다. 셋이서로 으르렁대다 그중 하나가 떠나면 또 다른 첩이 그 자리를 차지한다. 이런 과정이 물에서는 끝없이 반복되고 있다. 물이 서로를 인정하는 과정으로 이어져 포기 상태에 이르면 그곳은 평화가 온다.

어느 첩이 빠져나가고 어느 것이 들어오는지 신경 쓰지 않는 때가 온것이다. 갈 것은 가고 올 것은 오는 시점이 평형점이다. 이론적으로 100만 개의 물 분자 중 하나가 이런 짓을 하는 것처럼 보여 이들은 울타리 밖에 내놓은 첩이 된다. 그렇다고 이들을 없애 버리면 다시 생겨난다. 이것이 물의 특성이며 흔히 평형점이라고 말하는 그 점에서 일어나는 현상이다. 이 과정이 있어 물이 자연의 조립 과정에 깊게 참여하게 된다. 그런데 물에는 탄산이 용해되어 약산성(탄산의 pH, 5.67)을 나타내게 되므로 물의 방랑생활자가 순수한 물에서보다 10배쯤 증가하게 된다.

　더 흥미로운 것은 모든 유기물의 형성 과정에서 수소가 마감 소재로 이용되었다는 것이다. 이 과정에 이용된 수소는 모두 물에서 온 것들이다. 이 과정에는 위에서 말한 방랑자들의 역할이 크다. 왜냐하면 유기분자가 처음 형성되던 시기에 지구에는 유리된 수소 분자는 존재하지 않았기 때문이다. 물의 구성원으로서 바람둥이 수소는 일정한 농도가 물에는 항상 유지되고 있었고 이것이 유기물의 마감재로 사용된 것이다. 자유롭게 공간을 지배하던 물의 수소 이온들은 아차 하는 순간 이미 탄소의 덫에 빠진 것이다. 이리저리 돌아다녀야 할 바람기를 잊어버렸다. 그러나 유기물의 마감 소재로 이용되어 버린 수소는 바람기를 포기하고 탄소에 단단히 달라붙어 주인으로 행세하게 된다. 이제 탄소를 떠나 동료들이 있는 물속으로 돌아갈 수는 없다. 왜냐하면 이번에 붙들린 곳은 산소가 아니라 탄소였기 때문이다. 탄소는 그의 바람기를 인정해 주지 않는다. 탄소와 수소는 산소와 수소의 결합보다 더 강한 공유결합성을 가짐으로써 쉽게 그곳을 떠날 수 없다. 그러나 수소는 언젠가 조건이 되면 그곳을 떠나 방랑하는 것을 꿈꾸고 있다. 왜냐하면 그들은 가진 것이 없어 언제나 떠날 수 있기 때문이다. 수소의 꿈은 방랑자로 사는 것이다.

6.3

물의 기원에 대한 가설

　수소가 산소를 만나 열과 빛을 발산하고 물이 되는 과정은 우주의 어느 곳에서 이루어졌으며 어떻게 지구에 유입되었는지는 아직 다양한 주장들이 많아 명확하지는 않다. 하지만 먼 과거에 우주의 한 공간에서는 수소가 모여 거대한 수소구름이 만들어졌고 그 밀도가 점점 증가하자 중앙에서는 높은 온도와 압력이 발생하여 수소 원자들이 서로 융합하는 핵반응이 일어나 리튬(Li), 베릴륨(Be)과 같은 수소보다 무거운 원소들을 차례로 합성했을 것이다. 산소도 이러한 과정에서 생성되었기 때문에 산소는 수소가 우주에 나타난 후 등장한 원소임에는 틀림이 없다. 물은 산소가 나타나기 시작한 바로 그곳에서 수소를 만나 형성되었을 것이다. 그러나 산소와 수소가 지구상에서 만나 물을 만들었을 가능성은 매우 희박했다. 왜냐하면 지구의 중력이 수소를 지구 대기권에 잡아둘 수 없었기 때문이다. 여기에 더하여 산소가 만들어진 시기는 수소가 만들어진 시기와 너무나 동떨어져 있다.

그런데도 어떻게 물이 지구의 표면을 3분의 2나 되는 광활한 공간을 채울 수 있었을까? 하는 것은 선뜻 결론짓기 힘들어 보인다. 물론 지각의 어느 부분에 감춰진 수소와 산소가 결합하여 물을 만들었을 수는 있지만, 그 양은 지극히 제한적이었을 것으로 추정하고 있다. 지구 상에는 어느 행성에서도 볼 수 없는 많은 양의 물이 그 표면을 가득 채우고 있다. 물의 생성과 유입에 관한 문제는 아직 완전히 풀리지 않은 상태로 남아 있다. 그렇지만 여러 가지 제안들이 현재 이 문제에 접근하고 있어 흥미로운 결과를 보여주고 있다.

현재 지구가 가진 물의 양은 $1.38 \times 10^{16} \text{m}^3$(138경 톤)로 지구가 가진 자원 중에서 단일 물질로는 가장 많다. 물은 수소와 산소의 화학반응에 의해 형성되어 중력에 의해 지구를 떠나지 못하고 남았을 것이다. 그러나 단순한 화학반응에 의해 생겨난 물이 지구의 전체를 덮을 수 있을 정도가 되었다는 데는 선뜻 동의하기 어렵다. 왜냐하면 우주가 생겨나고 우주의 나이로 보면 얼마 안 되어 만들어진 수소의 절대량은 지구가 만들어지기 전 넓은 우주에 흩어져 버렸기 때문이다. 수소보다 나중에 탄생한 산소마저 다른 원소들의 안정화 반응에 참여하여 금속산화물들을 만들면서 소진되어 버리고 극히 일부만이 물속에 녹아 있었다고 볼 수 있기 때문이다. 그렇다고 하더라도 지구를 둘러싼 대기의 구성 성분 중에 수소도 산소도 물을 만들 수 있는 충분한 양을 가지지 못했다는 것은 예측할 수 있는 일이다.

그런데도 물은 현재 지구 표면의 70%를 점령하고 있다. 이 막대한 양의 물이 지구상에 존재하던 잔류 수소와 산소로부터 만들어졌다는 것에 더 이상의 대화가 궁색해지는 것은 당연하다. 물은 지구상에 생명체가 나타나기 수십 억 년 전부터 지금 우리가 오감을 통해 느끼는 것과 같은 모양과 같은 양으로 지구 표면에 존재했다는 데는 이견이 없다. 그러나 그들이 감추고 있는 이야기에는 아직 풀어야 할 것들이 많다. 그것은 과학자의 가슴으로 읽어내야 하는 우리들의 숙제다. 물은 우주의 진화 과정에서 나타난 물질이다. 그러나 물이 언제, 어떻게 지구에 도착했는가에 대한 가설은 여러 가지로 나누어져 있다.

그 첫 번째 가설은 지구기원설이다. 앞에서 언급한 바와 같이 이 가설은 1800년대 말에 등장한 것으로 물은 지구 내부에서 자체적으로 발생했다는 것에 기반을 두고 있다. 초기 지구에서 일어난 수억 년 이상 지속된 화산활동을 통해, 지구 내부에 녹아 있던 용암이 암석으로 굳어지는 과정에서 물 분자가 빠져나왔다는 것이다. 물이 용암의 작용으로 생겨나왔다는 가설은 이해가 어렵지만, 이 과정을 접어두면 초기의 지구는 물을 끓이고도 남을 정도의 고온 상태였기 때문에 이렇게 빠져나온 수증기들은 대기권에 두꺼운 구름층으로 머물게 되어 지구는 마치 가열된 습식 사우나의 뜨거운 돌처럼 지구를 둘러싼 수증기로 덮혀 있었을 것이다. 그러나 지구의 온도가 점차 내려가자 거대한 수증기 구름에서 비를 뿌림으로써 매일같이 하늘에서는 뜨거운 물이 쏟아져 들어와 바위를 깎아 평지를 만들고 지상에 떨어진 빗물 속에 녹아 있는 미네랄을 운반하여 바다를 만들었다고 주장하고 있다. 이것이 초기 바다의 기원인데 1894년에 처음 나온 이론으로 얼마 전까지만 해도 지구에 물이 유입된 경로에 대한 가장 유력한 가설 중 하나였다. 그러나 지구 내부에 지구 표면을 70%나 덮을 정도의 물이 존재했다는 것은 더 설명이 필요한 부분으로 남아 있다.

두 번째 가설은 우주 유입설이다. 지구 내부로부터 물이 기원했다는 가설이 지구 표면을 70%나 차지했다는 데 의구심을 가져오던 학자들은 물이 외계 우주에서 유래했다는 '외계유입설'을 제기하였다. 그 첫 번째 대상은 혜성(comets)이었다. 혜성은 태양계가 형성될 때 수많은 별이 만들어지는 과정에서 함께하지 못하고 우주를 떠돌던 부유물들이 모여 만든 별이다. 혜성은 여러 가지 우주를 떠돌던 우주의 먼지들을 포함하고 있어 일명 '더러운 눈덩이(dirty snowball)'라고 불릴 정도로 여러 가지를 포함하고 있지만, 얼음이 주성분이다. 지구의 대기권으로 떨어지는 혜성은 물과 약간의 운석들을 포함하고 있고 수증기로 지구로 유입되었다. 이 과정이 무수히 반복되던 원시지구에는 밤하늘을 지나던 혜성의 긴 꼬리를 지금보다 더 자주 볼 수 있었을 것이다. 왜냐하면 원시 우주는 지금보다 팽창하지 않아 좁았기 때문이다. 원시지구를 향해 수억 년의 세월 동안 이런 혜성의 유입은 계속되었고 한번 지구에 들어온 물은 지구 중력에 의해 지구의 구성 성분으로 남아 있게 되었다는 가설이다.

이 가설은 우주 탐사선들의 활동으로 더욱 구체화되었다. 이와 더불어 이 혜성(더러운 눈덩이) 속에는 물과 함께 우주를 떠돌던 다른 생명체가 존재할 수 있는 가능성도 제기되어 더 흥미롭다. 혜성 유래설을 탐구하기 위하여 유럽우주국(ESA)은 2004년 혜성 탐사선인 로제타호를

'혜성 67P'라는 혜성에 접근시켜 정보를 분석하였다. 그런데 로제타호에 의해서 확인된 '혜성 67P'에는 중수소의 양이 지구보다 3~5배 더 많다는 것이 발견되었다. 이로써 지구의 물이 혜성에서부터 유입되었다는 가설이 위축되어 가는 듯하였으나 탐사를 계속하던 그들은 목성과 금성 사이에서 발견된 혜성에서는 지구의 중수소 비와 거의 비슷한 양이 발견됨으로써 혜성의 구성에 따라 중수소의 비율이 다를 수 있음이 확인되어 물의 혜성 유입설이 하나의 가설로 다시 자리 잡게 되었다. 이로써 우주를 떠돌던 수많은 얼음덩어리 혜성이 지구로 떨어지면서 원시지구에는 물의 양이 증가했다는 가설에 힘이 실리고 있다. 지금은 혜성의 지구 유입이 맨눈으로는 잘 관찰되지 않지만 원시 우주는 발달하지 못해 수많은 별이 좁은 공간에 존재함으로서 그사이에 끼어 있던 혜성의 지구진입이 지금보다 더 활발했을 것이다.

혜성은 태양을 중심으로 타원이나 포물선 궤도를 운행하는 긴 꼬리를 끌며 갑자기 나타나는 별로 밤하늘에서 가장 눈에 잘 띄는 천체들이다. 혜성은 타원형 궤도 운동을 지나가는 데 주기성을 가지고 있다. 혜성의 대표라고 할 수 있는 핼리혜성의 주기는 76년이다. 혜성의 구성은 본체인 핵과 그 주위를 에워싸고 있는 가스구름, 길게 늘어뜨린 꼬리의 세 부분으로 이루어져 있다. 혜성의 핵은 그 크기가 평균 5~10㎞ 정도이고 물, 메탄, 시아노겐, 암모니아와 같은 유기물들을 포함하고 있다. 이것들은 생명체를 이루는 인자들로 어디에서 어떻게 만들어져 혜성에 실렸는지는 모르지만, 그것으로부터 지구에 생명이 유입되었을 가능성을 제기하고 있는 학자들이 많아 생명의 외계 유입이라는 새로운 가설의 한복판에 혜성이 존재하고 있다.

그 세 번째 가설은 소행성 충돌설이다. 소행성(Asteroid)이란 태양 주위를 공전하는 행성보다 작은 천체를 말하고 있다. 현재는 대부분 화성과 목성 궤도 사이에 있는 소행성대(Asteroid belt)에서 발견되고 있는 작은 별들을 말하고 있지만 원시지구에서는 물을 가진 소행성이 지금보다 더 많았을 것으로 추정하고 있다. 1801년에 세레스(Ceres)라는 소행성이 발견된 후 매년 수천 개 이상의 새로운 소행성들이 발견되고 있지만 그들의 질량은 그리 크지 않다. 화성 궤도 안쪽에 있는 소행성들은 지구 궤도와 교차하고 있으므로 지구와 충돌할 가능성을 항상 가지고 있다.

소행성 충돌설은 물을 가진 소행성 충돌로 인해 물이 지구에 유입되었다는 이론이다. 물이 풍부한 소행성이 지구와 충돌해 그가 가진 물이 지구로 유입되었으며 그 충격으로 바다의 깊은 계곡이 생겨났다는 가설이다. 이것은 바닷물에 존재하는 중수소가 우주에서도 거의 비슷한 양이 발견된다는 것을 증거로 소행성 충돌설을 제기해왔다. 그 증거로 나사가 2007년 쏘아 올린 DAWN 위성이 화성(Mars)과 목성(Jupiter) 사이에 위치한 상당한 양은 소행성 벨트에서 물의 흔적을 찾았다는 것에 근거하고 있다.

앞에서 언급한 가설들 이외에 또 여러 가지 가설들이 존재하지만 여기서 다루어진 세 가지 학설은 비교적 체계적으로 다루어졌다고 볼 수 있다. 그렇지만 그것이 '지구 유래설'이든 '우주 유입설'이든 서로 각자의 이야기만을 하는 특징을 가지고 있다. 이것은 물의 기원에 대해 여러 가지 가설들이 있지만 서로의 논리와 주장들이 완벽하지는 않아 자기의 분야를 강력하게 피력하지 못하고 있다는 방증이기도 하다. 따라서 지구에서 물의 기원에 대한 연구는 하나가 틀리고 하나가 맞는다고 할 수 있는 차원까지 아직 이르지 못했다고 볼 수 있다. 물의 기원에 대해서 서로의 주장을 인정하고 그에 대한 가설들은 보완하는 것이 현재의 이 분야를 다루는 학자들의 생각인 것 같다. 소행성이 지구에 물을 전달했을 수도 있고, 혜성에서 물이 공급되었을 수도 있고 지구 자체에서 공급되었을 수도 있다는 것이 현재 지구에서 물이 생겨난 기원에 대한 해답이다. 거기에 하나 더 보탠다면 이 세 가지 모두가 관여했을 수도 있다. 그러나 얼마나 많은 양을 물이 어떤 방식으로 공급했느냐는 증거를 찾는 문제는 아직 숙제로 남아 있다.

어느 화학 교수의 강의노트-1 물

생명이 탄생한 곳

지구에 물의 유입에 대한 견해는 위에서 논의한 것처럼 아직 완벽하지는 않다. 그러나 지금까지 많은 과학자가 말하는 지구의 진화 과정은 '최초의 원시지구는 지금처럼 생명체가 숨을 쉬며 살 수 있는 환경은 아니었다.'는 것에는 모두 동의하고 있다. 황량한 대지는 매일 뒤흔들리고 돌과 바위가 가파른 계곡을 따라 구르고 바위는 구르다가 서로 부딪쳐 깨어지고 여기저기서 화산이 폭발하고 용암이 흘러 지표를 덮고 하늘에서는 비가 매일같이 쏟아지며 번개가 동쪽 하늘에서 서쪽 하늘까지 번득이고 천둥소리가 멀리 또 가까이 들리는 황량한 땅이 바로 지구였다. 그러나 점차 빗물이 뭍에서 수용성 미네랄들을 녹여 낮은 곳으로 운반해 가고 공기 중의 유독 가스들이 점차 물에 녹아 사라지고 깨끗한 물이 흐르는 강과 바다, 그리고 마른 땅이 생겨나기 시작하였다.

원시지구에는 물에 녹지 않는 질소와 물에 일부만 녹고 남아있는 다량의 탄산가스와 뜨거운 수증기가 대기의 주성분을 이루며 황량한 대지 위를 덮고 있었다.

생명현상이 없는 땅, 이것이 지구였다. 그 대지 위에 생명체는 어떻게 생겨났을까? 이에 대한 해답은 정확히 말해 아직 존재하지 않는다. 그렇지만 지구상의 모든 생명체는 거슬러 올라가면 동일한 선조로부터 분화되어 나왔다는 데는 동의하고 있다. 그 시발점이 '따뜻한 죽'이라는 주장이 한동안 모든 교과서에서 정설처럼 사용되었다. 그러나 그 생명이 자발적으로 발생했다는 그 과정에서 일어날 수 있는 화학적 과정이 생물학적 과정으로 전위되는 핵심적 요소가 생략되어 있다. 따라서 이 제안도 지금까지 주장하는 여러 과정 중의 하나일 뿐이다. '따뜻한 죽'은 생명의 탄생에 관한 학설 중 가장 먼저 나온 것이다. 그 외에도 해저 열수공에서 생명이 시작되었다는 설이 있는가 하면 외부 세계로부터 유입되었다는 설과 같은 여러 가지 학설들이 저마다의 독특한 주장을 가지고 이 주제에 접근하고 있다. 그러나 어떤 학설이 생명의 시작에 가장 근접해 있는지는 모르지만, 생명은 물에서 시작되었다는 것에는 모두 동의하고 있다.

지구의 가장 낮은 곳, 바다에 모인 물은 육지에서 여러 금속 이온들을 녹여 운반해 와 여러 성분을 일정한 비율이 될 때까지 서로 섞는 과정을 거쳤다. 그 결과 바다의 어느 곳이나 미네랄의 성분비가 같아지는 '일정 염분비의 법칙(law of the regular salinity ratio)'이 성립되는 바닷물을 만들었다. 바닷물 속에 녹아 있는 염분의 비가 농도의 차이는 있지만 세계의 어느 바다에서나 같다는 이 법칙이 성립될 때까지는 지구가 생겨나고 거의 10억 년의 기다림이 필요했다. 그 많은 섞임의 시간이 흐른 다음 바다는 모든 것을 녹여 담아 삭혀내는 항아리 같은 곳이 되었다. 그 속에는 생명이 살아갈 수 있는 모든 영양소가 담겨 있기 때문이다. 그 흐름은 천천히 그리고 하나의 긴 기다림으로 이어져 생명을 잉태하고 번식하는 장소로 제공되었다. 그것이 지구에서 자생적으로 태어난 것이든 외계에서 유입된 것이든 모든 생명체가 물과의 관련성을 끊을 수 없는 이유가 된다.

작은 연못 속의 따뜻한 죽

생명의 탄생을 설명하는 학설 중 가장 먼저 나온 학설이 앞서 얘기한 따뜻한 죽에서 생명이 시작되었다는 것이다. 이것은 홀데인(John Scott Haldane, 1860~1936)이 생명의 기원을 다윈의 '작은 연못'과 연관 지어 발전시킨 학설로 최초의 생명에 이르는 길에는 복잡하고 긴 화학적 과정과 태양에너지의 개입이 있었음을 가정하여 제안하였다.

원시의 태양은 황량하고 거친 땅바닥을 비추고 있었다. 땅 위로 쏟아진 우주의 기운은 변화의 용트림을 시작하였다. 그들은 여태까지 없던 새로운 방법으로 질소를 분해해 물과 반응하여 암모니아를 만들었고 탄소를 골격으로 하는 분자들의 집단을 그 위에 만들었다.

이 화학 반응은 지각의 형성 과정에 산소와 다른 금속들이 결합하여 금속 산화물(돌)을 만드는 과정을 통해 보여준 원소들의 안정화 반응과 유사한 화학 반응으로 이번에는 물과 질소 그리고 탄산가스를 이용해 새로운 유기물들을 만든 것이다. 이렇게 합성된 분자들은 따뜻한 물속에서 자기조립(self-assembly)의 과정을 거쳐 일정한 방향으로 배향한 다음 세력을 키우면 빛에너지는 이들을 다양한 분자로 성장시켰다. 그 결과는 유기물들의 몸집이 점점 커져갔고 불완전한 탄소 골격은 모두 수소에 의해 채워져 안정화되었다. 이 현상은 지금도 유기물의 형성과 분해의 정량적 과정으로 적용되고 있는 공통의 질서에 해당된다. 초기 지구의 환경에서 태양으로부터 온 빛에너지는 지금보다 더 풍부하고 강했다. 왜냐하면 그 대기 중에 산소의 농도가 매우 희박했거나 거의 존재하지 않았으므로 태양으로부터 오는 자외선은 방해받지 않고 지구에 도달하였을 것이다. 이러한 조건 아래에서 많은 유기물이 태양에너지를 이용한 광화학 반응으로 합성되었다. 이 원시지구의 바다 위에서 일어났던 광화학 반응은 실지로 실험실에서 초기 지구 환경과 비슷한 조건 아래에서 여러 가지 유기물이 합성되었고 이들의 연합하여 엽록소 없이도 광합성이 일어나는 것으로 확인되었다.

이 결과는 원시지구의 바다 표면에서 대규모의 유기물들이 합성될 수 있었음을 강력하게 뒷받침해 주었다. 그러나 그 당시까지는 생성된 유기물들을 소모시킬 수 있는 다른 방법이 없었다. 홀데인(John B. S. Haldane, 1892~1964)의 표현처럼 연근해 바다는 따뜻한 죽(porridge)과 같은 상태였을 것으로 보고 있다. 이 죽 같은 상태 속에는 광화학 반응에 의해 생성된 여러 가지 유기물들이 서로 뒤섞여 있었다. 그러나 그때까지는 화학적 및 광화학적 변화는 존재했지만 어떤 생물학적 방법이 존재하지 않았기 때문에 화합물들은 오랫동안 그 상태가 유지되고 있었다. 다만 강력한 빛에너지는 따뜻한 죽 같은 혼합물의 화학적 변화를 계속 진행시켜 더 복잡한 화합물들이 생겨났고 이들에게 행한 광화학적 반응은 가장 간단한 엽록소를 가진 생명체의 탄생을 유도하였을 것이라고 주장하고 있다.

6.6

해저열수공

생명의 탄생에 대한 또 다른 견해들은 '따뜻한 죽' 말고도 여러 가지가 있다. 그중 하나가 '해저열수공'에서 생명이 시작되었다는 설이다. 이 학설은 박테리아를 연구하던 과학자들에 의해 제시된 것으로 해저열수공에 살고있는 미생물로부터 정보를 모아 고대 생명체가 어떤 것인지를 추측하고 있다. 그러나 미생물 진화에 관한 정확한 역사나 분류와 같은 특징들이 체계화되어 있지 않아 미생물 진화를 통한 생명의 시작에 접근하는 것이 그리 쉬운 것은 아니지만 오늘날 분자생물의 기술은 이런 증거들만을 가지고도 먼 과거까지 진화의 흔적들을 볼 수 있다고 한다. 해저열수공은 다양한 미생물들의 고향이며 거기에 살고 있는 생물은 진화를 멈춘 원시생물의 후손이라는 것이다. 이곳에 우리가 알고 있는 최초의 생명체와 가장 가까운 생명체들이 살고 있으며 이것이 생명의 시작에 해당한다는 것이 미생물학자들의 주장이다.

6.7

판스페르미아(panspermia)

외부 세계로부터 생명체가 유입되었다는 이른바 '외계 유입설'은 생명체의 조상이 먼 우주에서 혜성에 실려 왔다는 이른바 '판스페르미아(panspermia)설'이다. 이 주장은 사실 19세기 말부터 제기됐을 만큼 오랫동안 인구에 회자되어 오던 이론이다. 이 이론에 의하면 모든 생명체는 머나먼 우주 공간에서 날아온 미생물이 지구에 정착해 진화했다는 주장이다. 곧 우주에서 생겨난 생명의 씨앗이 혜성에 실려 지구와 충돌하면서 유입되어 자연스럽게 퍼져 진화했다는 것이다. 그러나 아직 이를 증명할 명확한 증거가 없다는 것이 문제이지만 최근에 일부 미생물이 우주의 혹독한 환경 속에서도 생존할 수 있다는 것을 증명하는 실험 결과가 있어 흥미롭다. 연구팀은 미생물을 우주 환경에서 극단적인 온도와 방사선에 노출되어도 견딜 수 있었다는 결론을 내놓았다. 이 연구는 지구의 모든 생명체가 지구 밖에서 기원했을 수 있다는 판스페르미아설의 타당성을 증명해 준 것이다. 최근 독일 항공우주 센터는 이 가설을 증명하기 위해서 우주 공간에서 자외선이 박테리아에 미치는 영향을 실험했다고 한다. 실험에서 5,000만 개의 박테리아를 우주 공간에 노출시켰더니 모두 죽었지만, 박테리아를 찰흙과 같은 고체 속에 넣어 우주 공간에 노출한 경우에는 1만~10만 개가 생존한 것으로 밝혀졌다. 따라서 이 결과는 우주에서 다른 생명체가 운석과 함께 지구에 도달할 수 있음이 입증된 셈이다.

6.8

최초의 생명현상

　지상에 존재하는 탄소 골격을 가진 유기물은 모두 수소 환경으로 포장되어 있다. 예를 들면, 메탄의 경우 탄소 주위에 4개의 수소가 첨가되어 CH_4로 안정화되었다. 원시 지구에서 유기 분자에 수소 원자를 공급하여 안정화시킨 것은 물이 그 역할을 수행했을 것이다. 물은 실제로 공유 결합 화합물이며 넓은 온도 범위에서도 매우 안정한 화합물이다. 그런데도 자연에 존재하는 물은 십만 개의 물 분자 중 적어도 하나의 물 분자는 H^+와 OH^-로 해리되어 있다. 이렇게 해리된 이온들은 새로운 물질을 이루는 중요한 요소가 된다. 해리된 물 분자들은 평형을 이루고 있으며 화학 반응을 통해 수소 이온이 소모되면 다시 물 분자는 이 과정을 반복하여 없어진 부분을 만들어 내기 때문에 (르 샤틀리에(Henry Louis Le Châtelier, 1850~1936)의 법칙) 물속에는 항상 H^+와 OH^-의 양이 일정한 농도로 유지되고 있다. 여기서 생성된 수소 이온과 수산 이온들은 쉽게 탄소 골격의 빈 공간을 채워 탄소화합물들을 안정화시키는 수단으로 작용하였다고 볼 수 있다.

그에 반해 유기물의 골격을 이루는 탄소는 모두 탄산가스의 화학적 작용에 의해서 특유한 가치를 가지는 거대한 분자들로 성장하였다. 이 과정에서도 불완전한 분자들의 안정화에 참여하는 것이 수소 이온이 었다. 다음의 간단한 반응식을 통해 탄산가스가 탄산을 형성한 다음 물속에서 산으로 작용하는 것을 확인할 수 있다.

$$CO_2 + H_2O \rightleftharpoons H_2CO_3 \rightleftharpoons H^+ + HCO_3^- \rightleftharpoons H^+ + CO_3^{2-}$$

탄산가스는 물에 쉽게 녹아 탄산을 형성하고 이 탄산은 해리되어 양성자와 탄산수소 이온을 형성하며 이것은 다시 탄산 이온을 형성하는 일련의 과정이 일목요연하게 물속에서 진행되고 있다. 현재도 일어나고 있는 이 과정에서 물은 약산성을 띠게 되고 탄산 이온은 물속에 녹아 있는 금속 이온과 결합함으로써 $CO_3^{2-} + M^{2+} \rightleftharpoons MCO_3$ 반응식과 같이 무기염을 형성할 수 있다. 이 무기염들의 탄소는 불안전한 공유 결합함으로써 여러 가지 유기물들의 합성 과정에 탄소를 제공하고 있다.

탄산가스는 화학 반응을 통해 쉽게 다른 화합물을 형성하지는 못하지만, 물과는 쉽게 반응하여 탄산(H_2CO_3)을 형성한다. 탄산은 H^+와 HCO_3^-로 분해되고 이 불안전한 이온은 다시 탄산 이온(CO_3^{2-})과 수소 이온(H^+)으로 분해되어 미네랄들과 폭넓게 결합하여 탄산염들을 형성한다. 탄산이 행하는 이 연속적이고 체계적인 변화는 지상의 모든 생명체를 태동시키고 성장시키는 출발점이 된다. 탄소동화작용이 없던 시기에 탄소를 유기물로 전환하는 유일한 방법이 바로 탄산이었기 때문이다. 여기에 더해지는 태양에너지는 탄산 이온의 활동을 더 활발하게 해주고 있다. 물속에서 행해지던 탄소와 산소 그리고 수소로 이루어진 새로운 결합은 생명체의 기본적 골격으로 발전되었고, 공기 중의 질소는 고온과 고압의 에너지를 동반한 번개에 의해 물에 녹을 수 있는 최초의 질소산화물들을 만들었다. 실험실에서도 원시지구의 환경을 만들어 주면 광화학 반응을 통해 물과 질소에 의해서 여러 가지 유기물들이 형성된다는 것이 최근에 증명되고 있다. 이 과정에서 생성된 아미노산들은 불완전하지만, 분자상태를 유지하려고 과거에는 없던 새로운 에너지를 사용하였다. 이 새로운 에너지가 바로 생명이었다고 폴 데이비스(Paul Davies, 1946~)는 그의 저서 『생명의 기원(The fifth miracle)』에서 말하고 있다. 그는 최초의 생명현상을 다음과 같이 제안하고 있다.

"아무도 모르는 일이지만 태고에 무생물에서 생명으로의 전환과정은 처음부터 민감하였다. 대사란 생명이 무생물과 다른 것을 구분하는 방법이며 생명체를 유지해 가는 과정이다. 아미노산이 생성되고 또 파괴되는 과정에 이것을 좀 더 편리하게 진행하려는 수단이 도입된 것이 대사이며 이 과정을 유지하기 위해 호흡이라는 기능이 추가되었다. 만약 유기물들을 생성하는 과정이 이것을 분해하는 과정보다 앞서 있을 경우 생명은 유지되고 그 반대는 죽음이다. 따라서 어떤 의미에서 보면 삶은 죽음을 포함하고 있다."

어느 화학 교수의 강의노트-1 물

6.9

기체와 고체

식물이 대사를 통해 유기 물질을 합성하고 분해시키는 대사 과정에서 탄소와 비슷한 성질을 가진 제4족 원소인 규소(Si)는 제외되어 있다. 이것은 자연의 제한 조건이 규소에게 적용되었기 때문이라고 말할 수 있다. 탄소와 규소는 제4족에 속한 원소로 화학적으로 서로 비슷한 성질을 가지고 있다. 이들은 주양자수가 2(C)와 3(Si)이라는 것 말고는 특별하게 다른 점이 없다. 산소와 결합했을 경우 산화물을 만드는 과정도 동일하다. 탄소의 경우는 CO_2이고 규소의 경우는 SiO_2이다. 그러나 안정화 과정에서 배출되는 부산물인 탄산가스는 자연에서 기체 상태로 존재하지만, 이산화규소(SiO_2)는 그렇지 않다. 이산화규소의 안정화 과정에는 1965년 다센트(Dasent)에 의해 제시된 이중결합의 법칙에 의한 결과로 고분자($(SiO_2)_n$)를 형성한다. 이것은 규소의 산화물인 이산화규소가 자연 상태에서 그대로 안정화될 수 없는 조건에 있기 때문이다(1.6 정상상태이론 참조).

이 세상에 규소가 골격을 이루는 생명체가 존재한다면 그 대사 과정에서는 이산화규소가 부산물로 생성되어야 한다. 이것은 유감스럽게도 탄산가스(CO_2)처럼 단분자로 배출되지 못하고 여러 분자가 모여 만든 규사($SiO_2)_n$가 되어 배출되어야 한다. 규사는 고체다. 지각을 구성하는 돌을 구성하는 성분이다. 만약 생명 활동에서 돌이 부산물로 생성될 경우 이것이 생명체 밖으로 배출되는 과정은 기체나 액체가 생명체 밖으로 빠져나가는 단순한 과정과 다른 체계를 가져야 한다. 규소가 참여한 과정이 만약 식물들 사이에 있다면 숲은 항상 돌가루 먼지로 가득할 것이고 돌가루가 푸른 잎의 사이사이에서 품어져 나오는 것을 상상할 수 있다. 그것은 아마도 어렵고 까다로운 과정이었을 것이다. 따라서 지상에 존재하는 어떤 생명체도 규소가 대사 과정에 참여하는 생명체로는 진화하지 않았다.

탄소와 규소의 성질은 매우 큰 유사성을 가지고 있으면서도 그들 사이에는 넘을 수 없는 벽이 있다. 그것은 호흡에 의해 생성된 부산물이 기체냐 혹은 고체냐에 따르는 단순성에서 출발하고 있다. 생명체는 호흡에서 새로운 에너지의 공급을 받아 사용하고 남은 에너지는 버려야 한다. 식물이 쓰고 버린 에너지는 산소이고, 동물이 쓰고 버린 에너지는 탄산가스다. 이 둘은 모두 기체로 존재한다. 그리고 동물은 식물이 버린 산소를 이용해 살아가고 식물은 동물이 쓰고 버린 탄산가스를 이용하여 그들의 골격을 만들어 간다. 지금도 식물 무게의 약 20%를 차지하는 탄소는 모두 탄소동화작용에 의해 탄산가스라는 기체에 의해 얻어진 것이다.

6.10

산소의 등장

원시지구의 산소량은 현재와 같지는 않았다는 것을 이미 밝힌 바 있다. 과거 지구의 대기권을 구성하는 공기의 구성이 지금과 같은 조성을 갖게 된 것은 바다에서 질소와 물 그리고 탄산가스가 태양에너지에 의해 유기분자들이 합성되면서부터 시작되었다. 그 시기를 약 20억 년 전으로 보고 있다. 지구의 얕은 바다는 유기 분자들과 녹색식물들이 뒤섞여 융단처럼 바다 위를 덮고 있었다. 그런데 어디선가 생명의 소리가 들리기 시작하였다. 뽀글거리며 물을 헤집고 올라오는 작은 알갱이 산소가 물속에서 대기권으로 흐르기 시작하였다. 아마 바다의 표면에서는 작은 기포들이 끊임없이 꽈리를 터트리듯 솟아오르고 있었고 그 생명의 소리는 태양에너지에 의해 진행되고 있었다.

화석에 나타난 흔적을 살펴보면 20억 년 전쯤 지구에 출현한 시아노박테리아라는 광합성을 하는 최초의 생명체로서 산소를 방출했다. 이 생명체의 후손은 지금도 바다와 호수, 그리고 강에 살면서 광합성을 통해 공기 중의 탄산가스를 당으로 만들고 공기 중에 산소를 공급해 준다. 미생물의 일종인 시아노박테리아는 지금도 모든 식물 안에서도 엽록체로 변신해 그 존재의 흔적을 남기고 있다. 10억 년 전쯤, 시아노박테리아를 엽록체로 받아들여 이뤄진 공생을 통해 식물은 비로소 광합성 능력을 갖추게 되었다.

이 초록색 식물의 조상이 바로 최초로 광합성을 한 원시미생물인 시아노박테리아(cyanobacteria)로 알려져 있다. 이 생명체의 등장으로 인하여 원시의 대기권에는 수억 년을 지나오며 산소의 양이 점차 증가했다. 산소의 등장은 지구상의 생명체 즉 동물의 탄생과 그로 하여금 진화된 모든 생명체의 기원으로 연결되고 있다. 이러한 과정은 스트로마톨라이트(stromatolite)라는 석회암에 그 증거가 남아있다. 지금도 대기권에 20%를 차지하는 산소는 엽록소의 호흡이 아니면 평형을 유지할 수가 없다. 현재 그 양이 너무 많아 문제를 일으키고 있는 탄산가스는 식물에 의한 탄소동화작용으로 움직이는 생명체에게 산소를 제공해주는 유일한 원료다.

역설적이지만 23억 년 전에는 지구에 살고 있던 생명체는 산소가 없이도 잘 살 수 있는 생태계를 유지되고 있었다고 한다. 이때 나타난 것이 산소로 강한 반응성을 보임으로써 다른 생명체에게는 독처럼 작용하였다고 한다. 산소는 생명체의 세포 안에서 강한 반응성을 보였기 때문이다. 인간을 비롯해 산소를 사용하는 모든 생명체는 산소의 독을 중화하는 방법을 가지고 있다. 하지만 산소 때문에 받는 피해는 필연적으로 노화로 나타난다. 산소를 사용하는 원죄라고 봐야 할 것이다.

6.11

용매로서 물

일반적으로 물질계에서 상(phase)이 변할 때 상전이(相轉移) 과정에서 나타나는 변화로 열을 가해도 온도가 변하지 않고 가해지는 열이 물질의 상변화에만 사용되는 에너지를 잠열이라고 한다. 예를 들면, 물을 가열하면 100℃에서 끓기 시작하지만, 그 이상은 아무리 가열해도 완전히 수증기가 될 때까지 100℃를 넘지 않는다. 이와 같이 끓고 있는 물에 가해진 열은 물(액체)을 수증기(기체)로 바꾸고, 얼음(고체)을 물(액체)로 바꾸기 위해서만 소비되며 온도를 상승시키지는 않는다. 이 잠열이 물의 경우 다른 물질에 비해 매우 크다.

이것은 지구가 냉각될 때 천천히 지각을 식혀 온도의 변화에 따른 지각의 갑작스러운 변형을 막아주는 역할을 담당하고 있다. 원시지구에서는 긴 세월 동안 하늘에 떠돌던 물이 뜨거운 지표에 닿으면 바로 증발하는 대기권과의 교류가 오랫동안 지속되었다. 이 시기에도 지표의 열기는 서서히 냉각되었고 하늘에 떠 있던 물의 높은 잠열이 천천히 지구를 식힐 수 있었다. 마침내 지구가 식어 대기 중의 수증기가 응집하여 쏟아지던 빗물은 대지를 깎아 강을 만들었고 낮은 곳으로 흘러 자연스러운 흐름으로 이어지게 했던 것도 물의 높은 잠열이 한 몫했다고 볼 수 있다.

물의 크고 비어 있는 에너지 그릇은 태양에너지를 저장하고 방출하여 날씨와 기후를 서서히 변하게 하는 역할도 수행하고 있다. 그뿐 아니다, 물이 가진 이 잠열의 역할은 또 동물이나 식물의 체온의 변화를 더디게 하여 일정한 온도를 유지할 수 있는 기능을 가질 수 있게 해주는 능동적 여지도 가지고 있다. 따라서 물은 지구의 모든 생명체가 살아가고 태어나는 묘판의 역할을 수행하는 생명체들의 고향이다. 그뿐 아니다, 물은 에너지 관리자의 역할도 충실히 수행하고 있다. 이 지구 상에서 물이 담당하고 있는 태양 에너지 관리자 혹은 운반자의 역할은 실로 대단하다.

6.12

표면장력(surface tension)

    액체 표면에 존재하는 분자가 당기는 힘을 표면장력이라 한다. 액체의 내부 분자들은 주위로부터 사방에서 작용하는 등방적(isotropic) 힘을 받지만, 표면의 분자들은 액체의 표면에서 작용하는 힘이 없으므로 액체는 내부로 힘의 방향이 향하게 된다. 다시 말해, 표면의 분자들은 될 수 있는 대로 적은 표면적을 가지려는 경향을 가지고 있다. 그 경향은 표면의 분자들이 내부에서 등방적 힘을 받는 분자들과 같게 되려는 경향성을 따르려는 변화를 말한다.

    물의 유별나게 높은 표면장력은 물방울이 표면적을 줄여 공처럼 되려는 경향성을 가짐으로 이 물방울이 지구의 표면과 부딪치면 마치 물구슬로 바위를 깎는 것과 같은 효과를 유발할 수 있다. 이 힘은 지구의 표면을 깎고 모래를 부수어 흙을 만들고 그 위에 식물이 자라게 하는 역할을 해왔다. 물론 지구 표면에 작용하던 힘이 표면장력만은 아니지만, 이 힘은 물이 지구의 침식력(浸蝕力)을 증가시키는 데 크게 기여하였다고 할 수 있다.

6.13

물이 품은 탄소

물이 품고 있는 탄산가스는 물의 기능을 활성화하는 역할을 해주고 있다. 탄산가스는 항상 물에 녹아 있으며 물과 합하여 탄산을 형성한다는 것은 앞에서 여러 번 언급하였다. 그리고 물에 녹아 있는 탄산은 약산이며, 생명을 포함해서 자연의 질서를 유지하기 위해 대단히 중요한 역할을 하고 있다. 이 약산의 성질은 수용액 중에서 금속 이온과 반응하여 염을 만들고 이 염은 대부분이 중성을 나타낸다. 이 탄산과 탄산염 이온들이 녹아 있는 바다는 중성이므로 바다에서 태어난 생명체들의 혈액을 중성으로 유지시키는 데 탄산이 그 역할을 하고 있다. 원시시대 해양을 생명이 탄생하고 성장할 수 있는 묘판으로 사용되었던 것도 물의 온도 변화가 완만하고 탄산과 탄산염의 완충 용액의 형성에 의해 물이 산도가 쉽게 변하지 않고 있기 때문이다.

탄산의 역할은 우선 물이나 빗물에 섞여 육지에서 바위나 흙 속에 있는 금속 이온들을 녹여 바다로 운반하는 역할을 해왔다. 대부분의 광석은 물에는 잘 녹지 않으나 약산성인 탄산수는 잘 녹기 때문이다. 그러므로 탄산은 어디에서나 스며들기만 하면 바위를 녹이는 역할을 해왔다. 이 성질은 태고 때부터 있어 왔던 물의 기능 중에서 가장 중요한 기능이었다. 탄산의 두 번째 역할은 바다에서 이온과 반응하는 과정에서 바다가 전체적으로 거의 중성이었음을 설명하는 특유한 성질을 가지고 있다. 이것은 원형질이라는 생명의 기본 물질이 발달하기에 필요한 조건이었다. 그것으로부터 모든 동·식물의 골격을 만드는 역할이 시작되었고 지금도 그 과정은 진행되고 있다.

탄산가스는 탄소 화합물들의 산화 혹은 동물의 호흡에 의해 형성되지만, 이 과정에 식물의 호흡에 의해 배출된 산소가 사용되고 있다. 그러나 원시지구에서 산소의 농도는 매우 희박했거나 거의 없는 상태였다. 왜냐하면 지구의 탄생 과정에서 원소들의 안정화에 참여한 산소는 거의 모든 새로운 원소와 결합하여 산화물을 만들어 버렸기 때문이다. 지금도 지각을 이루는 대부분의 원소는 산화물의 형태로 존재한다. 수소와 산소의 결합으로 생겨난 물은 지구의 모든 영역을 점령하고 있다. 이는 생명이 탄생하는 과정에서 물과 생명은 바늘과 실의 관계였다고 할 수 있다.

지구의 환경에 커다란 변화가 일어났던 시점이 있었다. 24억 2,000만 년 전의 일이다. 이 무렵부터 대기 중에 산소가 나타나기 시작한 것이다. 지구의 형성 과정에서 모든 원소의 안정화 과정에서 사라져 버린 산소가 나타난 원인은 과연 무엇이었을까? 그 대답은 지표를 덮고 있는 물이 생명체의 탄소동화작용으로 분해하기 시작한 것이다. '물의 분해', 이 성질은 물이 가지고 있는 성질이다. 100만 개의 물 분자 중 1개는 항상 분해된 상태로 존재하는 것이 물의 운명이다. 그 하나가 이 과정에 이용되고 있는 것이다. 여기에 탄산이 물에 녹아 수소 이온 농도가 순수한 물에서보다 10배가 증가하게 된다. 최초 독립 영양 생물인 남조류는 물로부터 수소를 얻고 산소를 배출하는 최초의 생물이 되었다.

6.14

생명체의 고향

물은 용매로서의 탁월한 능력을 가지고 있다. 물질을 녹이는 성질을 가진 여러 물질 중에서 물은 가장 보편적인 용매다. 자연에 존재하는 거의 모든 물질은 물에 적게 혹은 많게 녹아 있다. 다른 물질을 녹이는 물질을 용매라고 하고 용매 속에 골고루 녹아 있는 물질을 용질이라고 한다. 소금물의 경우 용매인 물속에 용질인 소금이 녹아 있어 다른 두 개의 물질, 즉 물과 소금이 하나의 균일한 상을 형성하면 소금물이 된다. 물은 먼저 바위나 모래 속에 숨어 있는 금속 이온들을 녹여 바다로 운반해가고 대부분의 유기물도 녹여 물속에 가두어 둘 수가 있다. 물의 이러한 화학 용매로서의 능력은 매우 특이하며 이온 결합 화합물을 비롯하여 유기물까지 녹일 수 있다. 지금까지 알려진 화합물 중 절반에 해당하는 물질들이 적게 혹은 많게 물에 녹아 있다. 따라서 호수와 강과 바다는 모두 용질과 물이 잘 섞여 있는 수용액이며 물은 많은 유기물과 무기 이온들을 녹인 생명수로 모든 생명을 태동시킨 위대한 어머니의 역할을 하는 매질(媒質)이다.

물이 얼 때 나타나는 특유한 행동은 바위를 쪼개어 흙을 만들고 바위와 흙을 수송하여 일반적인 지표를 형성하는 역할을 하였다. 물의 특이성 중에 일반적인 물질이 나타내는 성질과 전연 다른 것은 물이 고체인 얼음이 되어 나타내는 현상이다. 일반적인 물질은 온도가 내려가 고체가 되면 액체보다 체적이 줄어 비중이 커지지만, 물은 고체인 얼음이 되면 액체인 물보다 가벼워져 그 체적이 증가하는 특이성을 가지고 있다. 겨울철 수도관이 얼어 터지는 이유도 여기에 있고 강이나 바다가 얼음으로 뒤덮여도 그 아래에는 물고기가 서식할 수 있는 생명의 공간을 제공해 주는 현상도 이 가벼워짐에 있다(3.12 참고).

원시사회에서도 사람들은 물을 이용하여 바위를 쪼개 생활에 이용했던 흔적들이 여기저기에 남아있다. 고대인들도 물의 특성을 알고 있었던 것이다. 그들은 바위에다 구멍을 뚫고 거기에 물을 채웠다. 겨울이 오면 물이 얼면서 바위는 두 동강으로 나누어지는 것을 알고 있었다. 바위를 쪼개고 흙을 가루로 만드는 물의 능력은 어는점 근처에서 물이 팽창하는 능력만으로 한정되지 않았다. 대량의 물이 얼어 빙하가 되면 강력한 침식력을 가지고 있다. 빙하는 물보다 더 육중하게 다른 방식으로 흐르지만, 이것이 흐를 때는 바위를 가루로 만들어 수송한다. 거대한 빙하는 매년 아주 짧은 거리를 움직이지만 수천 년 이어지는 지질학적 과정에 비하면 빠른 과정에 속한다.

그렇다면 지금으로부터 24억 2천만 년 전으로 한번 가보자. 큰 바위들이 이곳저곳에 널브러져 있고 하늘에서는 매일같이 거센 비를 뿌리고 천둥이 번쩍이며 유성이 쏟아지는 원시지구에는 뜨거운 증기로 가득하여 어떤 생명체도 존재하지 않는 이른바 지구는 무균실과 같은 상황이었다. 이러한 상태는 수천 년 동안 계속되었고 시간이 흐름에 따라 지각에서 내뿜던 열기가 점차 냉각되어 수증기는 빗물이 되고 대지 위를 흐르던 물은 낮은 곳으로 흘러 해분(海盆, ocean basin : 수심 3천~6천 미터에서 약간 둥글고 오목하게 들어간 해저분지)을 채웠다. 그런데 비가 내리기 시작하면서 긴 시간 동안 하늘을 덮고 있던 구름이 점차 걷히고 구름 사이로 강렬한 햇볕이 내리쪼여 자외선이 포함된 강력한 에너지가 우주로부터 잔잔한 바다 표면에 쏟아져 들어오고 있었다. 물과 질소화합물 그리고 물속에 녹아 있던 탄산은 구름 사이로 내리쬐는 강력한 에너지에 의해 암모니아와 다른 여러 가지 화합물들을 만들어 갔다. 이 혼합 용액에 강력한 자외선이 내리쪼여 다시 여러 가지 화합물들이 만들어지고 탄산과 반응하여 탄소 골격을 가진 유기물들이 생겨나기 시작하였다. 이 모두는 물속에서 일어난 변화이며 무기염들은 여러 유기물을 만드는 과정을 촉진시켰을 것이다.

물이 지구에 어떻게 유입되었는지에 대해서는 '자체 발생설'과 '우주 유입설'로 나누어져 있지만, 생명의 기원을 밝히는 연구와 보완적 위치에 있다. 왜냐하면 모든 생명체가 물에서 태어났고 물과 함께 살다 물과 함께 사라지고 있기 때문이다. 물은 지표의 약 2/3를 차지하는 바다에 지구의 모든 물의 97%를 담고 있다. 육지에 존재하는 물은 3%로 그중에서 극 지역과 고산 지대에 분포하고 있는 빙하가 가진 2%를 제외하면 지하수와 강과 호수에 약 1%가 있다. 그 작은 양이지만 그로 인해 지상의 모든 생명체가 살아가고 있다.

흔히 지구를 물의 행성이라고 부른다. 태양계의 여러 행성 중 지구는 물을 풍부하게 가지고 있는 유일한 행성이기 때문이다. 태초에 물(수권, hydrosphere)과 뭍(지권, lithosphere)이 나누어진 후에도 뭍에는 여전히 물속에서 살던 생명체가 올라와 살고 있다. 따라서 물은 모든 생명체의 고향이며 물이 있는 곳이면 어디에나 생명은 있다. 물이 흘러 들어간 바다는 지상의 모든 것을 녹여 담아 삭혀내는 항아리 같은 곳이다. 뭍에서 운반되어 온 미네랄들은 긴 시간 동안 서로 섞여 같은 미네랄 이온 농도를 가지는 염분 일정 성분의 법칙(law of the regular salinity ratio)이 적용되는 오늘의 바다로 진화되었다.

우리는 물이라는 주제에 접근하기 위하여 지금까지 고심해 왔다. 물의 여러 가지 기능 중에는 생명이 관여된 부분이 많다. 그것은 생명체의 고향이 물이기 때문이다. 따라서 물에 대한 연구는 생명의 탄생과 기원에 대한 것과 함께 이루어지고 있다. 그 발견 중에는 태양계의 환경과 탄생 그리고 진화에 대한 폭넓은 연구들이 있으며 그 연구들은 현대과학이 요구하는 근거들을 제시할 수 있는 주요 연구 주제들로 발전시켰다. 어디서 어떻게 생명이 시작되었는지에 대한 질문은 과학에서 시작되었지만, 철학과 종교와도 연결되어 있다. 폴 데이비스(Paul Davies)는 그의 저서 『제5의 기적, 생명의 기원(The Fifth Miracle, The search for the Origin and Meaning of life)』에서 이렇게 묻고 있다. "우주에서 인간만이 지각을 가진 유일한 존재인가? 생명이란 우연한 사건에 의한 산물인가? 아니면 심오한 법칙을 가진 산물인가?", 이러한 질문에 대한 답은 과학이 생명의 생성에 대해서 어떤 것을 밝혀줄 수 있는가에 달려 있다. 일부 과학자는 생명을 우주에서 유일한 화학적 결과로 생각하고 다른 학자들은 생명이 적절한 자연의 법칙에 의해 생성된 것으로 생각한다.

지구 표면의 70%를 점령하고 있는 물, 그들이 어디에서 왔는지에 대해서는 아직도 많은 부분이 미스터리로 남겨져 있다. 물을 가진 혜성이 지구에 물을 가져왔을 수도 있고, 소행성이 지구에 떨어지며 공급되었을 수도 있다. 하지만 확실한 것은 우리가 일상에서 아무런 생각 없이 사용하고 있는 물은 수억 년 전에 일어났던 어떤 과정을 통해 우리에게 전달된 귀중한 지원이라는 것이다. 물은 아직도 많은 것을 감추고 있는 초월자다. 조금 모자라도 안 되지만 넘쳐도 안 된다. 그가 숨기고 있는 것은 마치 생텍쥐페리의 『어린 왕자』의 대화와 같다.

사막이 아름다운 것은 어디엔가 우물을 감추고 있기 때문이야. 중요한 것은 눈에 보이지 않아. 마음으로 찾아야 해.

그렇다. 원시지구에서 일어났던 물의 행적을 찾아 헤매는 과학자의 눈앞에 보이는 것은 아무것도 없다. 아직도 알려지지 않은 원시지구에서 일어났던 물의 행적은 그대로 아름다움을 감추고 있는 사막의 우물과 같다. 사막을 가로지르는 대상의 목적지가 오아시스라면 과학자는 사막에서 청량함을 찾아 헤매는 지상의 방랑자다.

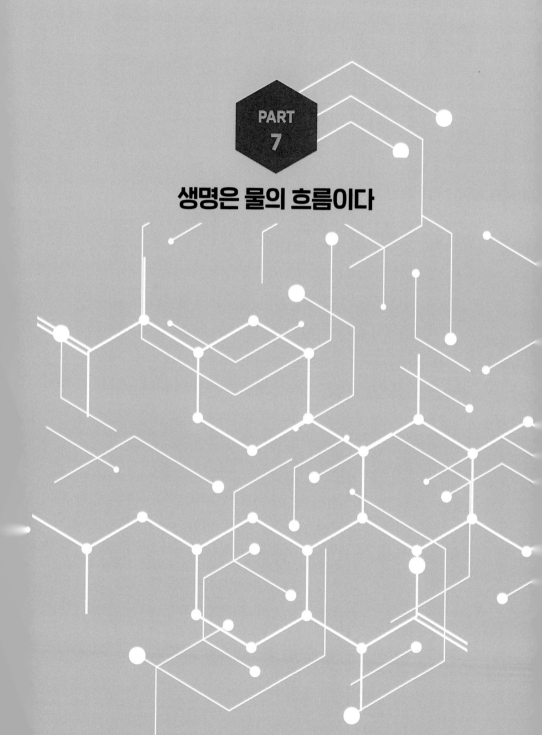

PART
7

생명은 물의 흐름이다

7.1

순환하는 물

산소를 제외하면, 물처럼 생명체가 필요로 하는 것도 없다. 생명체들은 구성 성분부터 물이 그 중심에 와 있기 때문이다. 인간을 구성하는 성분도 70%가 물이지만 동물 중에도 99%가 물로 채워진 것도 있다고 한다. 물을 제외한 그 1%의 가능성, 바로 그 속으로 생명이 흐르고 있다. 어쩌면 생명체 속을 물이 흐르고 있는 것이 아니라 그 흐름이 생명을 가두어 그 속에 살게 하는 것 같다. 생명은 물의 흐름이다. 그 흐름이 멈춘 곳엔 생명이 없다. 모든 생명체는 물속에서 태어나고 물을 기반으로 살아가다 물과 함께 사라져 가기 때문이다. 그러기에 물은 생명을 담는 그릇이며 태어난 고향이다. 물은 생명을 지켜주는 어머니이며 유난히도 친근한 보호자다. 어머니의 가슴으로 생명을 보듬은 물은 일반적일 수 없다. 물의 유별남은 생명을 보호하기 위한 위대한 장치이며 서로를 연결하는 고리가 된다. 이것이 물의 소명이다. 그리고

어느 화학 교수의 강의노트-1 물

그들의 소명 중엔 에너지를 관리하고 분배하는 역할도 있다.

에너지 관리자로서의 물의 역할은 지상과 바다에서 다양한 방법으로 행해지고 있다. 물은 공기층을 수직으로 이동시켜 열의 분산을 유도하는 대류(convection current)와 수평으로 이동시켜 한 곳의 열을 먼 곳까지 운반하는 순환(circulation) 과정을 포함한 에너지의 분산 과정을 가지고 있다. 대류에 의해 공기가 이동하여 한 곳에 모인 에너지를 분산하는 과정은 한 지역에 국지적으로 그리고 시간적 차이를 두고 이동하는 현상이다.

햇볕이 따뜻한 에너지를 공급하고 있는 모래언덕이 있는 해안을 생각해 보자. 낮에는 모래언덕 너머 육지가 바다보다 먼저 따뜻해지면 그곳을 채우고 있던 공기는 팽창하여 가벼워지고 상승하게 되면 그 빈자리는 아직 더워지지 않은 바다 위의 공기가 그 자리를 채우기 위해 바다에서 육지로 바람이 불어오게 된다. 그와는 반대로 태양으로부터 에너지 공급이 끊어진 밤에는 육지가 바다보다 먼저 식기 때문에 바다 쪽으로 바람이 분다. 국지적인 에너지 변화에 따라 바닷가에서는 낮에는 해풍, 밤에는 육풍이 불어 육지와 바다에 쌓여 있는 에너지를 분산시키고 있다. 그리하여 해변에는 항상 시원한 바람이 분다.

이 과정에는 공기의 이동만 있는 것은 아니다. 적도 지방에서 물에서 수증기로 그리고 다시 물로 변하는 물을 품은 공기의 대류는 열의 이동을 수직으로 유도해 바다 위에 모여 있는 열을 대기 중으로 이동시키는 방식이 항상 일어나고 있다. 수면에서 태양열에 의해 가열된 물이 증발하여 수증기를 만들어 상승하면 상부의 찬 공기를 만나 응축하여 다시 물방울을 만들고 비를 뿌리는 국지적 순환 과정이 바로 여기서 유래된다. 열대지방에서 한낮에 쏟아지는 국지성 비, 스콜(squall)이 바로 그것이다.

바다에서는 매년 33만㎦의 물이 증발하고 지상에서는 6만㎦의 물이 증발하여 전체 39만㎦의 물이 대기에 포함되어 하늘에서 구름이 되어 흐르고 있다. 이것은 매년 그 정도의 물이 땅으로 비가 되어 돌아온다. 우리의 머리 위로 흐르는 물은 매년 작은 편차는 있지만 거의 꼭 같은 양으로 운영되고 있다. 여기서 만약 바닷물의 온도가 1℃ 높아진다면 바다에서 증발하는 물의 양은 상상을 초월하는 양이 된다는 것을 우리는 알 수 있다. 그 초월자의 소유가 다시 비가 되어 돌아온다면 그것은 지상의 모든 생명체에게는 재앙이나 다름없다. 그러나 최근에 그러한 현상이 나타날 수 있는 징조가 여기저기서 보이고 있다. 적도 지방의 바닷물의 표면의 온도가 조금씩 상승하고 있다는 것이 그 첫 번째 징조다. 국지적 측정이기는 하지만 미주 대륙이 포함된 태평양 연안의 바닷물 표면의 온도가 1931년 이후 60년 동안 0.3℃가 올라갔다는 보고도 있다. 부디 전체 바다의 온도가 현재의 상태를 유지해 주기를 바랄 뿐이다.

지상에 떨어진 빗방울은 대부분 지표수가 되어 바다로 흘러가지만 그 일부는 흙 속에 스며들어 모래나 자갈 등으로 이루어진 지층이나 암석의 사이를 메우고 지하를 흐르는 지하수로서의 역할을 시작한다. 이들은 가끔 마른 땅에서 물이 솟구쳐 나오는 샘물이 되기도 하고 인위적으로 파 놓은 우물에 고인 물로 나타나거나 웅덩이나 호수를 채우는 역할로 물의 순환과정에 참여해 왔다. 지구상에는 빗물이 흘러간 뒤 일상적 흐름에서는 담수의 3% 정도는 하천이나 호수와 같은 지표수로 존재하고 나머지 97%는 지하수로 땅속에 숨은 자원이 된다. 지하수는 흐르는 동안 주위의 암석을 녹여 수질은 물이 통과하는 암석의 종류의 영향을 받고 있다. 석회암 지역을 흐르는 지하수는 탄산칼슘을 녹여 지하에 커다란 동굴이 형성되기도 하고 반대로 지하수에 용해되어 있던 광물질이 침전되기도 하는데 침전물은 종유석 같은 동굴생성물을 형성하기도 한다.

지하수가 땅속 깊은 곳에서 뜨거운 지열 등에 의해 데워진 후 상승하면 지표면에서 온천이나 간헐천의 형태로 나타나기도 한다. 메마른 사막의 땅속 깊은 곳을 흐르는 지하수는 때로는 오아시스가 되어 사막을 가로지르는 대상(隊商)의 쉼터가 되기도 한다. 물론 대부분의 빗물은 다시 바다로 돌아가지만 약 25%의 물은 육지로 돌아와 식물을 키우고 지하수와 강으로 흘러 다시 바다로 돌아간다. 이 순환 과정은 매우 일반적이다. 그러나 이 순환은 매년 같은 시기와 거의 비슷한 양으로 진행되고 있다. 그 양이 조금만 지나쳐도 지상에서는 홍수가 나고 조금만 모자라도 가뭄이라는 자연재해가 발생한다.

지상이나 바다에 떨어진 빗방울이 증발하는 과정은 매년 거의 같은 주기를 반복하여 일어나고 있다. 이 과정을 좀 더 깊게 들여다보면 물의 증발은 물을 공기 중의 수증기로 증발시키려는 에너지에 의해서 진행된다. 1g의 물을 기화시키는 데 필요한 에너지는 600㎉(킬로칼로리)로 분자량이 비슷한 다른 물질에 비해 큰 편이다. 물을 증발시키는 과정에 참여하는 에너지는 태양에너지로, 빛으로 온 태양광이 지구와 충돌하면 빛에너지보다 긴 파장을 가진 열에너지로 바꿔 적외선을 방출하는데 그 에너지가 물의 증발에 절대적인 역할을 하는 기능을 가지고 있다. 따라서 더운 여름에는 태양으로부터 들어오는 에너지의 입사각이 커 많은 물이 지표나 해수면으로부터 증발하지만, 겨울에는 태양의 입사각이 적어서 하늘에 머무는 물의 양도 적어진다. 위치적으로도 태양의 입사각이 큰 적도 근처에서는 증발량이 많지만, 극지방에서는 태양의 입사각이 적어 흡수되는 빛의 양도 적고 증발하는 수증기의 양도 절대적으로 적어진다.

바다에서 일어나는 물리적 변화로 물이 기화하면 주위의 열을 빼앗아 가기 때문에 주위의 온도는 내려가게 된다. 증발열이란 액체를 기체로 만드는 데 필요한 에너지로 물의 경우 액체의 분자와 분자 사이에 작용하고 있는 물리적 힘을 이완시켜 분자 하나하나가 자유롭게 움직이게 만들어 액체의 군집 즉 바다를 떠날 수 있게 환경을 조성하는 에너지를 말하고 있다. 따라서 물의 경우 수소 결합으로 꽁꽁 묶인 화학적 힘을 먼저 끊어야 한다. 그리고는 다른 여러 가지의 유혹을 물리쳐야만 하늘로 자유로이 날아갈 수 있다. 그렇지만 그들은 다시 뭉쳐 하늘에서 모여 구름을 만들고 지구 중력을 이기지 못하면 다시 고향으로 돌아오는 데 기화된 수증기가 같은 온도의 물로 변할 때는 증발열과 똑같은 양의 열을 방출하게 된다. 그 열은 하늘에 그대로 남아 있다. 정리하면 물은 기화할 때는 주위의 열을 가지고 떠나지만, 기체에서 다시 액체가 될 때는 그 열은 그대로 두고 기체가 액체로 바뀌는 상변화

어느 화학 교수의 강의노트-1 물

(相變化, phase change)에 참여하게 된다. 여름에 마당에 물을 뿌리면 시원함을 느끼는 것도 물이 증발할 때 주위로부터 열을 빼앗아 가기 때문이다. 이처럼 지표면에 영향을 미치는 인자는 물의 액체·기체·고체의 3가지 상이 모두 참여하고 있기 때문이다. 이들의 역할이 없다면 지구는 살기 좋은 파란 별로 남아 있을 수 없다.

 '순환과 대류라는 이 두 흐름 아래 살아가는 모든 삶은 기후라는 커다란 테두리에 묶여 있다. 환경과 기후 그리고 에너지까지도 물이 참여하지 않는 것은 없기 때문이다. 물은 그가 가진 유별남(unusual)의 지혜를 발휘하여 세상을 다스려 간다. 물이 숨긴 이 유별남은 모든 생명체가 태어난 목적대로 살아가게 해주는 창조주의 지혜가 담긴 질그릇 같은 것이다. 이 두 흐름이 조화롭게 운영될 때는 세상은 평화롭고 아름답다. 그러나 이들이 심술을 부릴 때면 대책이 궁색하다. 그는 식물이건 동물이건 가리지 않는다. 그들이 지나간 자리는 모든 것이 평등하다. 이른바 초토화되어 버린다는 것이 어울릴 것이다. 물과 바람이 지나간 자리는 초토화되지만, 이 파괴라는 변화가 꼭 부정적인 것만은 아니다. 정체되어 있던 모든 것을 흔들어 바꾸어 놓아 차세대의 창조를 그 속에 담아낼 수 있다는 긍정적인 효과도 있기 때문이다. 나비를 기다리는 꽃처럼 한두 마리의 벌레가 지나가는 것쯤은 참아야한다. 그들은 꼭 지나가기 때문이다. 그다음 나비는 꼭 온다.

7.2

에너지의 교환

물은 액체인 물과 고체인 얼음 그리고 기체인 수증기라고 하는 3개의 상(phase)으로 존재한다. 이렇게 한 물질이 그 상에 따라 수증기, 물, 그리고 얼음이라는 이름을 달리하는 것은 에스키모 사람들이 눈(雪)을 20개가 넘는 명사로 부르는 것처럼 물이 인간에게 중요한 의미가 있다는 하나의 증거라고 할 수 있다. 그중에서도 수증기와 액체로서의 물은 지구상에서 일어나는 대부분의 환경 변화에 직접적으로 관여하고 있다. 대기 중에 떠도는 기체로서 물이 응결되어 비를 뿌리고 지상에서 도달한 물은 생명체들을 키우고 다시 대기권으로 올라가 구름을 만들고 구름은 다시 비되어 돌아오는 이 순환은 사계절 내내 기후와 날씨를 결정하는 가장 중요한 과정이다. 지상에 살아가는 어떤 생물도 이 영향권에서 예외일 수는 없다.

물이 행하는 이 순환은 에너지의 교환이 물과 수증기 사이에서 쉽게 일어나는 그들의 특성을 잘 이용하고 있다고 할 수 있다. 물이 가진 큰 열용량과 에너지를 쉽게 비워 버릴 수 있는 능력은 그들이 가진 특성이다. 이러한 물의 성질은 국지적으로 발생하는 에너지를 넓은 지역으로 분산시키는 역할을 하는 데 이용되고 있다. 물은 열대지방의 더운 열기를 극지방으로 전달해 주고 극지방의 차가운 기운은 다시 열대지방으로 운반해 주는 에너지의 분산을 공기의 흐름과 함께 공동으로 수행하고 있다. 이에 참여하고 있는 물은 하늘에 떠 있는 39만㎦의 물이 1차적으로 담당하고 있다. 이들의 역할은 기체와 액체의 열 교환에 의한 에너지의 분산을 담당하고 있다.

물은 증발하면서 주위의 에너지를 가져가 그들이 가졌던 에너지와 함께 긴 여행을 떠난다. 그리고 그들이 다시 돌아올 때는 공기 속으로 그가 가지고 있던 에너지를 버리고 비가 되어 돌아오기 때문에 지상의 기온이 적절하게 조절되고 있다. 그리고 하늘에 남겨진 더운 공기는 따뜻한 에너지와 함께 상승하여 공기의 밀도가 높은 지역을 향해 긴 여행을 떠난다. 더운 에너지와 물을 가지고 떠나는 이 여행은 공기의 밀도가 높은 극지방을 향하고 있다. 누가 가르쳐 준 것은 아니지만, 그들은 매년 같은 시기에 같은 방법과 같은 양으로 그 일을 하고 있다. 만약 물이 에너지 관리자로서 이러한 역할을 하지 못한다면 태양으로부터 들어오는 에너지는 분산되지 못하고 태양에너지의 유입이 큰 지역에서는 많은 에너지가 모이게 되고 높은 열에너지에 의해 생명체가 살기에는 부적절한 땅이 되었을 것이다. 반면 외부로부터 유입되는 에너지가 거의 없는 극지방은 지금보다 더 차가워져 북극은 지금보다 더 추운 땅이 되었을 것이다. 물은 이런 문제를 해결해 주는 지구의 에너지 관리자로서의 역할을 수행하는 충실한 도구다.

적도 지방의 바다는 지구의 어느 곳보다 많은 태양에너지의 흡수가 이루어지는 곳이다. 태양으로부터 오는 빛에너지가 가장 큰 입사각을 가지고 들어오기 때문이다. 사실 적도는 지구가 빛에너지를 받아들이는 에너지 관문의 역할을 하고 있다고 해도 지나치지 않다. 그 빛에너지는 지구와 혹은 지구를 둘러싼 매체들과 충돌하여 열에너지로 바뀌고 이것은 적도 지방의 바닷물의 온도를 상승시켜 바닷물을 데운다. 바닷물은 받은 열량만큼의 에너지로 수증기를 만들고 상승시켜 따뜻하고 습한 공기로 적도 지방의 하늘을 채우게 된다. 이 따뜻하고 열을 받아 가벼워진 공기는 그대로 정지해 있지 않는다. 서서히 움직여 차고 건조한 극지방의 하늘을 향하게 된다. 이 따뜻하고 물 덩어리가 포함된 공기는 긴 여행을 하면서 그가 행하는 하늘길 주위의 대지 위를 지나며 따뜻한 열기를 서서히 버리며 목표를 향하여 행진한다. 그가 향하는 곳은 차갑고 비중이 높으며 건조한 공기로 가득한 하늘이 있는 곳이다.

그에 반해 극지방에 가까운 바다는 태양으로부터 오는 빛과 열의 입사각이 적어 흡수하는 태양에너지가 매우 적기 때문에 수면의 온도는 낮고 바다에서 대기 중으로 증발하는 수증기의 양도 거의 없다. 해양을 덮고 있는 극지방의 공기는 건조하고 낮은 온도 때문에 큰 밀도를 가지게 된다. 공기 중의 수증기는 모두 얼어 바닥으로 떨어지고 차고 건조한 공기덩어리만 극지방의 하늘을 메우고 있다. 이들 또한 정체되어 있지 않고 여행을 시작한다. 그가 향하는 곳은 밀도가 낮고 따뜻한 공기의 흐름이 있는 적도 지방이다. 이들의 행진은 계절에 따라 발생하는 연례행사로 매년 같은 시기에 같은 방향을 향하여 반복하여 진행된다.

이 둘은 서로가 향하는 방향에 있는 하늘에서 북군과 남군이 되어서 만나게 되는데 두 세력 간에는 전쟁이 시작된다. 적도에서 따뜻하고 습기를 가진 가벼운 병사들은 위에서 그리고 극지방에서 온 무거운 병사들은 그 아래에서 공격을 시작한다. 천둥소리도 나고 번개도 번쩍인다. 그리고 전선이 형성되면 그들은 서로를 바라보며 돌격하여 섞이게 되는데 이들의 섞임은 곧바로 비가 되어 버린다. 긴 원정이 끝난 것이다. 남쪽에서 따뜻한 구름 속에 숨겨온 물이라는 병사들은 다시 고향 땅과 바다로 돌아가고 전장에는 승자도 패자도 없다. 그들이 가졌던 막대한 양의 따뜻한 에너지는 병사들이 가지고 돌아갈 전리품이다. 그들의 바다는 다시 봄날처럼 따뜻해진다. 고향의 바다가 따뜻했던 것처럼 전장의 바다도 따뜻한 바람이 부는 평화로운 곳이 되어간다. 모든 것이 적도에서 실어 온 따뜻하고 습한 공기가 만들어 낸 작품이다. 그런데 이 전장은 매년 시기에 같은 곳에서 일어난다. 잉글랜드의 바다와 노르웨이의 협곡이 따뜻하고 살기 좋은 곳을 만들어 주는 것도 다 이 이 전장이 그 위에서 펼쳐져 에너지를 운반해 오기 때문이다.

물은 대기 중에서 수증기로 물방울을 응집했다가 비를 뿌리고 다시 증발하는 과정을 되풀이하는 과정에서 태양에너지의 보관과 확산을 적절히 조정하여 물이 가진 다른 기능과 합하여 기후와 날씨를 결정하는 중요한 인자가 되었다. 우선 바다와 대지로부터 그리고 강이나 호수로부터 증발하여 구름이 되고 이것이 다시 비가 되어 돌아오는 끝없는 물의 순환 과정에는 매년 바다로부터 33만㎦(33조 톤)의 물이 증발하고 호수나 강 그리고 지표에서 증발하는 물의 양은 60만㎦(6조 톤)이다. 그리하여 총 39만㎦(39조 톤, 소양땜의 저수량을 20억 톤이라 고하면 약 2만 개의 소양호의 물이 지구의 하늘에 있다.)의 물을 하늘에 떠 있게 한다. 하늘로부터 떨어지는 비의 대부분은 바다에 떨어지고 강수량 중의 3분의 1 정도의 양, 즉 약 10만㎦(1조 톤)의 물이 육지에 떨어지지만. 이들 중 대부분은 또다시 지표수가 되어 바다로 흘러가고 그중 일부는 땅속으로 스며들어 식물을 키우는 지하수가 된다.

7.3

지구의 온도조절 장치

에너지의 이동과 분산은 생명체에게는 편안한 삶의 첫 번째의 조건이며 매우 중요한 요소다. 짧은 시간에 에너지의 분산을 실행하는 태풍은 중심 부근 최대풍속이 초속 17m 이상이면 붙여지는 열대성 저기압을 말하고 있다. 태풍은 일반적으로 해수면의 온도가 27℃ 이상인 해역에서 발생하며 약 10일 정도의 수명을 가지고 적도의 북쪽과 남쪽으로 향하는 공기의 흐름을 말하고 있다. 이 열대성 저기압은 발생하는 장소에 따라 태풍, 허리케인, 사이클론 등으로 불리고 있다.

태풍(Typhoon)은 북서태평양 필리핀 근해에서 발생하여 동아시아와 동남아시아 일부에 영향을 주고 때로는 큰 피해를 남기고 가는 열대성 저기압이다. 1년에 약 27개 정도가 발생하여 태평양을 지나 에너지의 등고선을 따라 진행하므로 그 방향이 대륙을 향하게 되면 우리나라는 태풍의 영향권에 들기도 한다. 반면 허리케인(Hurricane)은 북대서양, 카리브해, 멕시코만, 북태평양 동부에서 발생하며 북중미에 영향을 주고 있다. 사이클론(Cyclone)은 인도양, 아라비아해, 벵골 만 등에서 발생하는 열대성 저기압을 말하고 있다. 태풍, 허리케인, 사이클론 등 열대성 저기압은 연간 총 80개 정도가 발생하고 있다.

액체인 물을 같은 온도의 수증기로 증발시키는 데 필요한 열량은 다른 물질의 기화에 드는 에너지에 비해 매우 크다. 왜냐하면 물의 한 분자가 물의 집단에서 분자 상태로 탈출하여 기체로 진행하려면 그들 사이에 있는 단단한 수소 결합을 먼저 끊어야 하고 그들의 큰 에너지 그릇을 모두 채워야 한다. 그다음에야 액체로부터 탈출하여 자유 공간으로 날아가는 증발이 이루어질 수 있다. 물 18g(1mole)이 증발하려면 11.15kcal(46.65kJ)의 에너지가 필요하다. 이 에너지는 먼저 수소 결합을 끊고 열에너지를 그들의 빈 에너지 주머니에 가득 채운 것에 해당하는 양이다. 따라서 이 에너지의 양은 크기가 비슷한 다른 물질보다 훨씬 크다. 메탄이나 암모니아 같은 물질은 물이 증발하는 온도에서 아예 기체로 존재하고 있다. 바닷물의 증발에 사용되는 에너지는 실로 상상을 초월하는 엄청난 양이다. 적도 지방의 바닷물이 가진 에너지가 기후에 미치는 영향 또한 막대하다. 따라서 해수의 온도 변화와 기후의 함수 관계는 불가분의 관계에 있다고 할 수 있다.

고체로서의 물, 즉 극지방이나 높은 산의 일부에 존재하는 빙하도 지구의 온도조절 장치로서 그 역할을 담당하고 있다. 빙하는 지구의 육지 면적의 약 10%를 차지하고 있으며 대부분은 남극 대륙과 그린란드에 넓은 빙상(ice sheet)으로 존재한다. 빙하는 적도에서 불어오는 따뜻한 공기를 식혀 지구가 더워지는 현상을 막아주는 역할을 하는 하얀 대륙이다. 이러한 역할을 담당하고 있는 빙하는 전체 담수의 75%를 차지하고 있는 큰 양이다. 그중에서도 극지방에 모인 빙하는 남극에 86%가 존재하고 그린란드에 11.5%가 있다. 산악빙하라고 할 수 있는 알래스카, 안데스, 로키 그리고 알프스에 2.5%가 존재한다. 산악빙하는 국지적 기후의 변화에 참여해 왔다. 그러나 그것마저도 요즈음은 온난화로 그 면적과 양이 줄어들고 있다고 한다. 지구의 열기를 식혀줄 하나의 방법이 사라져 가고 있는 것이다. 지구의 빙하가 모두 녹으면 해수면이 약 60m 정도 상승할 것으로 학자들은 예상하고 있다.

빙하의 다른 역할은 바위를 잘게 부수고 운반하여 지구의 표면의 흙을 만드는 것이다. 이 과정은 태고 때부터 시작하여 지금까지 이어오는 지각 형성의 한 방법으로 현재도 진행되고 있다. 그린란드를 덮고 있는 빙하는 그 두께가 3천m를 넘는 곳도 있다. 빙하는 천천히 흐르는 고체의 흐름이다. 그 흐름은 매우 자연스러운 현상으로 주변의 암석들을 그 무게로 깎아 운반하고 퇴적시켜 다양한 지형을 만들고 있다. 만약 기후변화로 빙하가 사라지면 새로운 지도를 만드는 태곳적부터 이어오던 방법도 함께 사라질 것이다. 빙하는 이동속도가 1년에 수 cm에서 수십 m 정도로 느리게 이동하므로 거의 정지하고 있는 것으로 보이지만, 흐름은 매 순간 끊이지 않고 일어나고 있다. 빙하라는, 흐르던 얼음덩어리가 바다에 도달하면 극지방의 해수에 영향을 미쳐 그곳의 수온을 일정하게 유지시킬 뿐 아니라 이들이 흘러 이동하면서 극지방에서부터 시작된 흐름이 적도의 물에까지 영향을 미치고 있다. 이들을 연결해 주는 것은 바다의 흐름인 해류다.

해류

해류는 바다의 위를 흐르는 표층수의 흐름과 바다의 깊은 곳을 흐르는 심층수의 흐름으로 구분한다. 표층수의 흐름은 지구의 자전에 의해 북위 35~65° 사이에서 발생하는 띠 모양의 편서풍(westerlies) 혹은 아열대 지방에서 주로 발생하는 바람으로 동쪽 바다에서 서쪽 바다로 일정하게 불고 있는 고온다습한 무역풍(trade wind)과 같은 바람이 물의 흐름을 주도하고 있다. 이 바람은 한 방향으로 일정하게 불어 바다의 표면에서는 그 바람의 영향으로 해류가 형성된다. 이 해류는 일정한 방향으로 끊임없이 흐르고 있다. 그 흐름이 가장 뚜렷한 지역은 대서양이다. 대서양 지역의 바다를 흐르는 물줄기는 여러 개의 조각으로 다시 나누어져 또다시 그들이 정한 방향으로 흐른다. 해류는 적도를 사이에 두고 북반구와 남반구로 나누어 거의 대칭을 이루며 흐르는 특징을 가지고 있다. 북극에서 출발한 해류는 남쪽으로 흘러가다가 인도양을 거쳐 태평양에 도달한 뒤에야 서서히 사라지는 긴 시간을 흐른다. 그와는 반대로 남반구에서 출발한 해류도 북반구에서 흐르는 해류와 대칭을 이루며 긴 시간을 한 방향으로 흐른다. 북반구에서는 시계방향으로 해류가 흐르면 남반구에서는 시계 반대 방향으로 흐른다. 모든 것이 지구의 균형에 맞게 설계된 대로 움직이고 있다.

해류는 위에서 언급한 것처럼 표층수의 흐름과 심층수의 흐름으로 나누고 있다. 표층수는 바다 위를 부는 무역풍이나 계절풍과 같은 바람의 영향에 의해 정해진 길을 따라 흐르는 바닷물로 매년 같은 시기에 같은 방향으로 이동하고 있는 물의 흐름을 말한다. 이 흐름은 적도지방에서 극지방으로 흐르는 따뜻한 흐름인 난류와 극지방에서 출발하여 적도를 향해가는 차가운 흐름인 한류가 있다. 이러한 해류를 분류하고 그 이름을 붙이는 데는 여러 가지 기준과 정의가 포함되어 있지만, 여기에 접근하는 것은 우리의 목적에 적합하지 않아 데이비스의 『과학의 거울』에서 제시한 간단한 해류의 분류를 따르기로 한다. 그는 해류를 "태평양 해류(Pacific Current), 인도양과 대서양의 해류(Indian and Atlantic Current) 그리고 바다의 밑으로 흐르는 잠류(Undercurrent)로 나누고 있다.

태평양 심층수 해류의 대표적인 것으로는 쿠로시오 해류(Kuroshio Current)가 있다. 필리핀 동쪽 해상에서 발원하여 북쪽으로 흐르는 폭이 약 100~200㎞이고, 깊이는 약 700m 정도에 이르는 해류로서 시계방향으로 흐르며 북태평양에 이르러 두 갈래로 나누어져 그 일부는 동쪽으로 흐르는 난류다. 그 나머지 일부는 오키나와 서쪽에서 흘러 우리나라의 동해로 북상한다. 이 해류는 대륙의 연해를 따라 남쪽으로 흘러오는 한류인 리만 해류(Liman current)와 만나 한류와 난류의 섞이면서 사라지게 된다. 이 해류는 5~8월에 가장 강하고 늦여름과 가을에 약화되었다가 1~2월에 다시 강한 흐름으로 이어지는 해류다.

인도양 표층수 해류는 멕시코만에서 발원하여 미국의 플로리다 해협을 지나 안틸리즈(Antilles) 제도의 바깥쪽을 흘러온 안틸리즈 해류와 합쳐져서, 뉴펀들랜드(Newfoundland)섬 부근에서 대서양을 횡단하여 다시 영국 북부를 거쳐, 노르웨이(Norway)의 서해안에 이르는 해류로 15~25℃의 수온을 유지하고 흘러 북유럽 지방의 기후에 크게 영향을 주고 있다. 북유럽의 도시들이 다른 아시아 지방의 같은 위도에 있는 도시보다 따뜻한 것은 이 해류의 영향이 크다. 인도양 해류는 반년마다 방향이 바뀌는 계절풍 해류에 속한다. 그밖에 어걸러스 해류(Agulas current)는 적도의 아프리카 연안을 따라 남쪽으로 흐르는 해류로 표면 수온이 14~26℃로 아프리카 대륙의 남단을 돌아 대서양에서 벵겔라 해류(Benguela current)로 이어지지만, 대부분은 아프리카 대륙 남단 동쪽에서 소용돌이를 이룬 다음 인도양으로 되돌아간다.

해류는 바다 위를 이동하며 열을 이동시키는 바람에 비해 훨씬 더 크게 열의 순환에 참여하고 있다. 예를 들면, 열대지방의 따뜻한 물은 바다의 표면을 따라 극지방을 향해 흐르면서 주위 대륙의 기온을 따뜻하게 만들어 주고 빙하가 흐르는 그린란드섬의 빙하가 녹은 물은 주위의 대지의 온도를 식혀 온대지방의 기온을 생명이 살아가기에 적당하게 만들어 준다. 노르웨이의 수도 오슬로는 위도상으로만 보면 북위

60°(도)에 위치한 도시로 시베리아의 위도와 거의 같다. 그러나 멕시코 난류의 영향을 받아 겨울의 평균 기온이 -1~ -2℃로 비교적 따뜻하고, 여름은 평균 기온이 9~17℃로 시원하다. 반면 그 영향을 받지 않는 시베리아의 여름은 20~27℃ 정도지만 겨울은 -20~ -40℃로 우리에게는 동토로 알려진 땅이다. 해류가 기후에 미치는 곳은 이곳 말고도 많다.

빙하가 녹으면 바닷물의 온도는 내려가고 물의 밀도는 증가한다. 이때 형성된 무거워진 얼음물은 바다 밑 약 200m 정도에 난 길을 따라 흐른다. 이 심층수는 밀도가 가장 큰 2~4℃ 정도를 유지하며 해저의 길을 따라 이동하는데, 그린란드에서 출발한 심층수는 우리나라의 동해를 거쳐 적도까지 남하하여 다시 태평양의 동쪽 해안선을 따라 북쪽으로 이동하는 순환으로 이어진다. 그 순환 속도는 매우 느려 해로를 따라 한 바퀴를 도는 데는 거의 2,000년의 세월이 소요된다고 한다. 이렇게 흐르는 북태평양의 바닷물은 농도와 염도가 달라 다른 물과 섞임이 거의 없이 흘러 청정성이 뛰어나다고 알려져 있다.

물은 하늘에도 흐르고 있다. 그 흐름이 비를 뿌려 식물을 자라게 하고 초식동물을 먹여 키우는 자연의 힘이 빗방울 하나에서부터 시작된다. 홍수를 만나면 차고 넘침에 대해 대비를 해야 하고, 모자라면 가뭄을 대비해야 한다. 이것이 자연과 더불어 살아가는 우리의 지혜다. 요즘 잘 발생하는 집중호우는 국지적 문제로 전체 기후의 변화와 비교해 보면 보잘것없는 수준이지만 바닷물의 온도가 1℃ 상승하여 일어나는 변화는 대기 중의 물의 양에 크게 영향을 미칠 수 있다. 그 결과가 인간에게 미치는 영향은 삶과 죽음이 달린 큰 문제가 될 수도 있다.

PART
8

물의 본성을 다시 보다

결여의 바닥에서

　물에 대한 많은 것이 알려진 지금 과학의 논리만으로 물을 설명해 보려는 것은 무모할 수도 있다. 그러나 여러 가지 과학의 의미가 부여되기 전에 물은 타고 남은 재(ashes)에 불과하다. 이것이 물을 바라보는 과학자의 생각이라면 고개를 갸우뚱할 수도 있지만, 물은 수소가 타고 남겨놓은 보잘것없는 유산이 분명하다. 수소는 물의 원소다. 수소는 자신들의 안정화 과정에서 산소를 만나 크고 아름다운 새로운 보금자리를 꿈꾸었을 것이다. 전혀 인간적 본성에 따라 생각하면 그러하다는 것이다. 그러나 그 기대는 자신들이 가지고 있었던 빛과 가공할 열에 의해 순식간에 산산이 조각나 버렸다. 그리고 그 희망조차 모두 타 버렸다. 그들은 차디차고 공허한 자리, 그 위에 버려진 양자(量子)의 아들로 다시 돌아왔다. 그 과정에서 수소는 자신보다 엄청나게 큰 산소를 그의 파트너로 받아들여야 했고 이제는 마음대로 움직일 수조차 없는 영어(圇圄)의 몸이 되어 버렸다. 그러면 왜 그들은 뜨거운 불길 속으로 가야만 했을까? 그것은 열의 질서를 구현하는 힘이 가리키는 방향을 따랐기 때문이다. 엔트로피가 가리키는 방향에 있었던 곳이 그 불덩이 속이었다. 수소는 피조물 중에 가장 작은 원소다. 그렇지만 그 작은 원소는 투명하고 강한 힘이 가득한 공간을 가지고 있다. 수소는 진동이라 불리는 고급에너지로 무장한 단 하나의 전자, 그는 핵으로부터 0.529Å 떨어진 공간에서 가장 많은 시간을 보내는 존재로 세상에 왔다. 투명하고 보잘것없고 가진 것도 없으며 자신의 모자람을 감추지도 못하는 존재, 이것이 수소다. 과학자들은 그를 많이 사랑했다. 그리고 그들은 그녀(수소)가 가진 단순함을 더 사랑했다.

　멀고 먼 옛날 원시의 공간에서 수소구름 위로 나타난 산소는 구원자였다. 왜냐하면 수소는 자신의 재산을 감출 수 있는 파트너가 필요했기 때문이다. 엔트로피는 그들을 그곳으로 몰아세웠다. 그러나 산소마저도 수소가 가진 모든 것을 감춰줄 수 있는 공간과 힘을 가지지 못했다. 어쩔 수 없는 일이었다. 그들은 차고 넘치던 모든 것을 버리기로 결심한다. 진동하던 에너지에서 나온 모든 것을 열과 빛으로 우주에 버리고 산소를 받아들인 것이다. 온 우주가 뜨겁게 달아오르고 환하게 빛났다. 그리고 그들의 유산은 어디론가 사라져 버렸다. 너무 뜨거웠던 것이다. 많은 시간이 흘렀다. 우주가 식기 시작했고 지구라는 별도 생겨났다. 그들이 돌아왔다. 지구로 그들이 돌아온 것이다. 그리고 또 10억 년의 시간이 흘렀다. 그동안 물은 황량한 대지를 식혀 생명을 키우기 위한 조건을 새로운 설계도에 새기기 시작하였다. 그 설계도에는 황량한 땅 위에 생명을 불어넣는 것이었다. 생명이 세상에 왔다. 그리고 지구는 그 생명을 키우기 시작하였다. 그들이 지구라는 별에 어떻게 왔는지는 아무도 모른다(정확하게 이야기하면 여러 가지 설이 있다). 그런데도 물은 지구를 생명이 살 수 있는 아름다운 별로 만들었다. 물에서 모든 것이 이루어졌기 때문이다.

물의 탄생은 이렇게 수소와 산소가 만나 그들이 가졌던 모든 것을 버림으로써 시작되었다. 그들이 버린 것은 그들의 영혼의 빛과 따뜻한 열정뿐 아니라 아름답고 둥근 자태까지도 추억 속으로 보내 버렸다. 이제 그들은 아무것도 가진 것이 없다. 그러기에 그들은 결여(缺如)의 바닥으로 몰려들었다. 피난처 같은 처소, 이제는 그곳이 그들의 터전이 되어 버렸다. 그 깊은 곳엔 그들 말고는 아무도 없다. 그리고 그곳에 모인 그들은 모두 꼭 같은 빈털터리들이었다. 그래서 그들은 서로를 의지하며 살아야 한다는 너그러움을 배웠다. 그들은 이제 좁은 공간에 모여서 서로 의지하며 살고 있다. 그리고 그렇게밖에 살 수 없다는 것도 알고 있다. 그렇다고 그들이 희망마저 잃어버린 것은 아니다. 그들은 먼 과거 그들이 가졌던 크고 아름다운 옛날의 영화를 그리워하며 그것이 다시는 돌아갈 수 없는 과거의 일인지를 늘 생각하고 있었다.

8.2

양수결합으로

그들은 다시 과거로 돌아가기 위한 시도가 있었다. 그러나 돌아갈 수 없다. 그들 앞을 막고 있는 것은 엔트로피의 엄중한 질서이기 때문이다. 그들은 직행하여 고향으로 돌아가기를 포기하고 다른 길을 택해야만 했다. 물이 택한 길은 일반적이지 않은 방법으로 결합을 시도하는 것이다. 그들이 가졌던 능력 중에 남아있는 마지막 수단을 이용하여 수소다리 결합이라는 새로운 판을 짰다. 일반적으로 수소는 편수(片手) 결합으로 분자들의 안정화에 이용되고 있는 원자다. 물도 그렇게 만들어졌다. 편수 결합은 모든 유기물의 형성 과정에서 탄소나 질소의 안정화를 목적으로 마무리 작업에 쓰이는 방법이었다. 정리하면 탄소의 골격이 먼저 만들어지고 조건에 맞게 그 빈자리를 채우는 것이 수소가 참여하는 편수 결합이었다. 그러나 수소다리 결합은 수소를 중심으로 양다리를 걸치는 쌍수(雙手) 결합으로 일반적인 결합 형태는 아니다. 그들은 거기에 모든 희망을 걸었다. 옛날의 영화를 누릴 수 있는 그들의 생각과 희망을 건 큰 도박이 시작되었다. 그리고 그들이 감춘 카드는 일반적이지 않다. 40여 종이나 되는 유별난(unusual) 물의 이상행동을 지원하는 원리로 무장하고 세상에 나타났다.

현재 과학은 그(unusual)와 관련된 모든 것을 거의 다 규명해 놓고 있다. 물에서 유별남의 원인은 바로 이 양다리 결합이 일으키는 크고 작은 장난기 어린 물의 행동이 원인이라는 것이 일반적인 견해다. 그러면 왜 이런 이상한 행동이 물에서 가능한 것일까? 전자들의 편재가 가져오는 현상으로 그렇게밖에 될 수 없는 것이 자연의 흐름이다. 그렇다면 전자들의 편재(polarization)는 왜 일어나는 것일까? 편재란 한쪽으로 치우치는 현상이다. 무엇이 치우친다는 것인가? 수소 원자는 둥글고 아름다워 어느 곳에서나 전자가 발견될 확률이 원자의 상대적 위치에서 동일했다. 그렇지만 산소와 만나 물이 되면서 이 아름답고 투명했던 모습은 상대적 가치에 의해 변해 버렸다. 화학 결합은 두 개의 원자가 핵은 그대로 두고 전자만 서로 교환하는 형성에 깊게 관여하고 있다. 그런데 전자가 교류하려면 그를 위한 공간이 있어야 하고 그 공간은 두 핵을 중심으로 그 주위에 전자구름이 형성되어 바늘로 헝겊을 꿰매듯 두 핵은 단단하게 고정되어야 한다. 전자는 빛의 속도로 물이라는 공간을 만들고 세 개의 원자는 산소를 중심으로 두 개의 공간으로 분리해 그곳에 머문다. 예를 H_a-O-H_b라는 물 분자의 H_a-O 공간과 O-H_b 공간으로 나누어지는데 H_a-O에 존재하는 전자는 O-H_b의 공간으로 갈 수가 없다. 이것은 양자역학적으로 분자궤도함수에 의해서

막혀있기 때문이다. 그러나 그 공간을 넘지 않으면서도 전자들은 이따금 한쪽으로 치우치는 편재가 나타난다.

그 편재가 물 분자 속의 수소 원자의 모습을 엉망으로 만들어 버렸다. 그렇다면 왜 이런 현상이 나타나는 것일까? 원래 원자는 핵의 양성자 숫자만큼 주위에 전자가 배향하고 있다. 그런데 이 전자구름은 핵 쪽에 가까이 있는 것도 있고 핵으로부터 좀 멀리 떨어져 있으며 교류에 참여하는 것도 있고 그저 놀고만 있는 것도 있다. 이 전자구름이 분자 결합을 만들면 핵 가까이에 있던 전자는 더욱 핵 쪽으로 이동하고 그 여파로 핵에서 멀리 떨어져 있던 전자들은 이미 서로 섞여 분자를 형성하였지만, 핵의 영향력이 큰 쪽으로 빨려 들어가게 된다. 결과는 두 핵 중에 하나의 핵 주위에는 전자구름이 많아지고 나머지 하나의 주위에는 상대적으로 빼앗긴 양만큼의 전자 결핍이 나타난다. 물의 경우 산소 원자는 전자를 끌어당겨 많이 가질 수 있고 수소 원자의 주위에는 전자의 수용 능력이 상대적으로 적어 전자 결핍이 나타나게 된다. 전자가 많은 산소 원자는 전자가 넘쳐나 내보내려는 경향성을 가지지만 수소는 가진 것마저 거의 빼앗겨 다시 빈털터리가 된다. 이 경우 전자들의 편재에 의해 모양이 변하여 일그러진 형태의 새로움이 탄생한 것이다. 이는 매우 불안전한 상태로 갈 수 있지만, 자신들이 만든 단분자 자체적으로는 해결할 수가 없다는 것이 문제다.

그들은 결과적으로 끈끈하게 붙어 있던 옆의 친구에게 도움을 청하는 지혜를 발동한다. 그도 같은 신세이기 때문이다. 그렇게 되면 원래 화학적 결합으로 형성된 O-H 결합에서 수소는 전자 결핍이 심하게 일어나고 있어 먼저 옆 친구의 O-H 결합의 산소로부터 전자를 구걸한다. 그런데 옆 친구로부터 가져온 전자를 받아들일 공간이 없다. 난감한 일이다. 그로 인해 수소는 지혜를 발휘하여 전자를 수소 원자의 울타리 밖에 두어 -O-H…O- 결합을 만들어 버린다. 이 결합에서 자신이 가지고 있던 산소는 실선(울타리 안의 전자)으로 옆 친구의 산소는 점선(울타리 밖의 전자)으로 표시하여 이것을 수소다리 결합으로 구분 지어 배향해 버린다. 실선은 공유 결합이고 점선은 수소다리 결합으로 공유 결합보다 길다. 수소를 두고 일어나고 있는 전자구름은 다시 인접 분자의 중앙 원소에 접근하여 -O…H-O와 같은 결합을 계속 만들어 간다. 점선 부분은 그 길이가 실선 부분보다 길다. 끌림(물리적)과 결합(화학적)의 차이다.

이것이 수소 결합이다. H-O 결합은 공유 결합으로 수소와 산소의 분자 궤도 함수의 겹침에 의해서 형성된 것이고 O…H 결합은 화학 결합이 아니다. 화학적 힘(chemical force)에 의해 두 원소가 끌리고 있는 물리(physical)량이다. 그러므로 이들 사이에는 분자 궤도 함수의 겹침은 없다. 이 결합의 수소의 구성을 살펴보면 두 개의 결합이 수소와 연결된 이른바 양다리 결합이다. 그런 결과를 바탕으로 2개의 전자만이 수소 결합에 형식 전하로 남아 있다. 일반적인 화학결합 H-O은 공유 결합으로 원자와 원자 사이를 분자 궤도 함수에 의해서 깔끔하게 정리하고 있는 것이 일반적 현상이다. 그러나 수소다리 결합은 긴 사슬로 연결된 결합(점선 부분)으로 물리적 힘에 의한 끌림으로 일어난 물리현상으로 쉽게 정리되지 않는다. 긴 사슬 혹은 큰 고리 형으로 연결되어 끝없이 연결되기 때문이다.

양다리를 걸치고 산다는 것은 인생살이도 고달프지만, 화학에서도 마찬가지다. 이 양다리 결합은 화학적 결합이 아니라는 것이다. 여러 개가 모여 울타리 너머로 손만 잡고 있을 뿐이다. 그러면 왜 이것을 수소결합이라는 단어를 선택하여 쓰고 있을까? 이것은 $H\cdots O$ 결합의 물리적 힘이 분자 궤도 함수의 겹침과는 다른 끌림에 불가하지만, 그 힘이 화학 결합에 버금가는 힘을 가지고 있기 때문이다. 주인이 첩에게 신경을 더 써야 첩이 도망가지 않을 것 아닌가? 그 결과는 물질의 물리적 성질에 영향을 미치게 되는데 물의 경우가 다른 물질에 비해 조직적이며 그 정도가 크다는 것을 의미하고 있다. 이 양다리 효과가 미치는 영향은 물의 물성에 크게 영향을 미치고 있다.

8.3

포괄적 어머니

 물은 생명을 잉태하는 어머니 같은 물질이다. 그들 안에서 모든 것이 태어나고 성장하고 살아갈 수 있기 때문이다. 생명이 탄생하고 성장하는 그곳엔 물만이 가진 너그러움이 있다. 그 너그러움은 그들이 살아오며 배운 후천적인 것은 아니다. 물은 그런 모든 것을 포용하는 능력을 갖추고 태어났기 때문이다. 그래서 물을 포괄적(包括的; comprehensive) 어머니라고 부르기도 한다. 이 어머니가 가진 질서는 세상을 지배하는 일반적 질서와는 다르다. 그들이 수소와 산소가 결합해 물이 되면서 잃어버렸던 에너지를 다시 찾아 헤매는 과정에서 터득한 성질이다. 물이 가진 잠열(latent heat)이 그 한 가지 사례다. 물이 가진 이 물리량은 분자량이 비슷한 다른 물질에 비해 매우 크다. 왜냐하면 물은 한없이 큰 어머니 같은 크고 비어있는 에너지 그릇을 가졌기 때문이다. 이 에너지의 빈 그릇은 생명이 잉태하기에 적당한 조건이 담겨 있다. 긴 시간을 온도의 변화 없이도 에너지를 저장할 수 있는 능력을 갖췄다. 계속해서 물을 가열하여도 잠열의 상태가 지나야 온도가 상승하게 된다. 공급되고 있는 열에너지를 중단했을 경우는 가열했을 때의 역방향 현상이 일어난다. 열은 다시 서서히 방출되어 주위의 환경과 조화를 이룬다. 물이 가진 이러한 성질은 지상에 살아가는 많은 생명체의 삶에도 영향을 미쳐 외부 온도 변화에 민감하게 반응하지 않고도 살아갈 수 있게 한다. 생명은 외부 환경의 급작스러운 변화에 익숙하지 못하고 거의 매일 일정한 온도를 유지하고 있는 물의 흐름에 기대어 살아가고 있다.

물은 분자 하나하나가 서로서로 흩어져 독립적으로는 존재하는 물질이 아니다. 그들은 어디서나 어떤 조건 하에서나 항상 집단을 이루고 있다. 왜냐하면 물은 한 분자씩 있는 것보다 여러 분자가 모여 스스로를 지탱하는 것이 더 안전하기 때문이다. 화학적 안전함이란 낮은 에너지 상태를 말한다. 물의 경우 그것은 서로를 연합함으로써 이룰 수 있다. 서로 손잡고 서로의 빈자리를 채우는 행위가 여기에 해당된다. 그러기에 한 잔의 물은 모두 연결된 하나의 덩어리와 같다. 그렇기 때문에 그들이 따뜻한 찻잔 속에 담길 수도 있고 차가운 청량음료로도 담길 수도 있다. 그 힘은 서로가 연합하는 수소 결합에서 오는 강력한 에너지에서 유래되었다. 구름이 아름다운 가을 하늘을 장식하는 것도, 강물이 저렇게 흐를 수 있는 것도 얼음이 수도관을 파괴하는 것도 모두 수소 결합이라는 물이 가진 힘이 있기 때문이다.

물이 지구에 어떻게 왔는지 아직 알 수 없다. 그들은 먼 옛날 지구가 생기기 전 우주의 어느 곳에선가 붉게 타던 정열이 식어 남겨진 차가운 유산이다. 물의 원소 수소, 그들은 산소를 만나 스스로 타서 물이 되었다. 석유를 태우면 자동차는 목적지를 향해 달려가지만, 그 과정에서는 물과 탄산가스를 버리게 된다. 물이 불에 타지 않듯 탄산가스도 불에 타지 않는다.

그들은 영혼이 떠나고 남겨진 재이기 때문이다. 영혼이 떠나고 버린 쓰레기, 그것이 물과 탄산가스다. 그러기에 물과 탄산가스는 같은 운명체라고 할 수 있다. 타고 남은 재는 다시 기름이 된다던 어느 시인의 외침처럼 그들이 물이 되기 전에 가졌던 자유롭고 호화로운 시절을 그리워한다. 그 두 공동운명체가 만든 탄산은 지구가 푸른 지구로 남게 해주는 역할을 담당하는 주역이 되었다. 물이 없었다면 지구에 생명체가 탄생하지 않았을 것이다. 지구에 탄산가스가 없었다면 푸른 지구도 없다. 물은 생명을 잉태하는 어머니다. 물은 생명체의 탄생과 성장, 그리고 살아갈 수 있는 너그러움을 간직하는 어머니다.

순환과 배향

비행기를 타고 아래를 보면 구름 사이에 펼쳐진 풍경이 정말 아름답다. 하얀 모양의 구름이 여기저기 모여 장관을 이루지만 왜 구름은 저 아래 저렇게 모여 아름다운 그림을 그리고 있을까 하는 질문에는 답이 궁색하다. 구름을 이루는 물 분자들은 분명 지상으로부터 빠져나와 하늘을 이곳저곳 헤매다 서로를 만나 지금 있는 그 공간에서 하나의 커다란 집단을 만들고 있다. 그러나 그들은 우주 저 멀리 가 버리지 못한다. 왜냐하면 그들이 머무는 바로 그곳이 지금의 환경에서 지구의 인력과 우주를 향한 그들의 힘 그리고 그들을 서로 붙들어 주는 힘이 미칠 수 있는 마지막 보루이기 때문이다. 그들은 다시 세력을 연합하여 더 부풀리기도 하고 서로 흩어져 작은 집단으로 나누어지기도 한다. 그들이 서로 흩어지면 가벼워져서 더 높이 날 수 있지만, 다시 모여 세력을 만들면 그들의 몸집은 무거워져 점점 낮아지다 무게가 중력을 이기지 못하면 비가 되어 고향으로 돌아간다.

이 순환이 물의 일생이다. 물이 이렇게 구름으로 모일 수 있는 것은 그들은 항상 서로를 가까이 불러들일 수 있는 능력을 갖추고 있기 때문이다. 그 능력은 물의 유전자가 가진 특성으로 물이 되기 전 수소로 있을 때 가진 큰 에너지의 빈 그릇을 채워야 하는 욕구로 항상 목마르기 때문이다. 물은 이 목마름이 있어 그들이 이 지상에서 그에게 주어진 일을 한다. 그들의 임무는 빈 바구니를 채우는 것이다. 그 채움은 그들 스스로에게 서로를 의탁하는 작전으로 유명해진다. 따라서 그들은 하나하나로 존재하지 못하고 그 연합이 나타내는 성질을 내보인다.

그들이 서로 손을 잡고 이루는 질서는 액체, 고체 그리고 기체의 경우 정도의 차이는 있지만 모두 잘 지켜지고 있다. 고체 얼음의 경우 액체인 물의 경우보다 더 강하게 결합하기 때문에 얼음이 되어가는 과정에서는 일반적인 물질에서 나타나지 않는 온도의 변화에 따르는 부피의 이상팽창이 존재한다. 물은 4℃에서 100℃까지의 온도 변화에서는 규칙적으로 온도에 따라 밀도가 일정하게 감소하는 현상을 나타낸다. 이것은 모든 물질이 가진 일반적 성질이다. 그러나 4℃에서부터 0℃까지의 온도 변화에서 물의 부피 변화는 남다르다. 물은 4℃에서 최대의 밀도를 가진다. 무질서도가 최대가 되는 점으로 가장 무겁다. 그리고 4℃에서 0℃까지 물의 밀도는 서서히 감소하다가 0℃에서는 빠르게 부피가 팽창하여 밀도가 갑자기 심하게 감소한다. 그 온도에서부터 입체적 배향이 삼차원 공간에 시작되기 때문이다.

이러한 변화는 구조적 문제로서, 액체의 경우 비교적 자유롭게 움직

이며 수소 결합을 하던 물 분자들이 온도가 낮아지면서 그들의 움직임
이 둔화하다가 4℃가 되면 그 움직임이 최소화되고 0℃가 될 때까지
물은 수소 결합에 의해 고체로 배향(orientation)이 이루어지며 움직임
이 멈추게 된다. 액체로 존재하는 물은 자유로운 공간을 움직일 수 있
지만, 고체의 경우 일정한 배향을 해야 하고 얼음은 표준 상태의 물보
다 10%의 밀도가 감소한다. 그래서 빙산의 90%가 물속에 잠기고 나머
지 10%만 물 위에 뜬다.

물은 그 구조가 마치 부메랑처럼 생겨 부메랑의 무게중심에 산소를
배향시키고 그 양쪽 날개의 끝에 2개의 수소를 달아 두었다. 따라서
물의 유별난 성질에 크게 영향을 미치는 부분은 무게중심에 있는 산소
다. 산소는 전체 분자의 전자를 모두 끌어들이고 있기 때문이다. 전자
를 많이 가진 산소는 전자를 잃고 작아진 수소와 타협하게 된다. 그
결과 그들은 수소 결합이라는 새로운 힘을 통해 하나의 집단을 형성
한다. 수소와 산소가 결합하여 물이 되어 이 분자를 평면에 배향시키
면 산소를 중앙에 두고 이 면에 수직인 평면에 결합에 참여하지 못한
전자의 두 쌍을 배향시켜 수소가 하는 역할을 돕고 있다. 따라서 분자
의 가장자리에 있는 수소는 조건이 허락할 경우 이집 저집을 옮겨 다
니는 방랑자의 역할에 나서게 된다. 이 방랑자는 전자를 잃은 수소 원
자로 수소 이온이라고도 하며 신맛을 가진 산이 된다. 그런데 액체인
물에는 100만 개의 물 분자 중에 1개 정도가 이러한 상태로 존재한다.
물에 1개의 양성자가 존재한다면 꼭 같은 숫자의 수산 이온도 존재하
여 결과적으로는 중성을 이루고 있다. 그러나 물은 약간의 산성을 띤

다. 그 이유는 물에 녹아들어 가는 탄산가스에 의해 발생한다.

탄산가스는 중심에 탄소 원자가 있고 그 양쪽 끝에 2개의 산소 원자가 배향하고 있는 직선형 구조를 하는 분자다. 따라서 탄소에 모여 있던 전자들은 산소 쪽으로 기울게 되고 중앙에는 어느 정도 전자가 결여된 상태로 존재한다. 즉 $O^{\delta-}=C^{2\delta+}=O^{\delta-}$. 따라서 이 경우 탄소의 성질은 약하게나마 산성을 띠게 되고 물($H^{\delta+}O^{2\delta-}H^{\delta+}$)과 만나 탄산을 만든다. 이 반응은 산-염기 반응과 같아 매우 신속하게 이루어지고 물속에 탄산가스의 양이 일정하게 될 때까지($H_2O + CO_2 \rightleftarrows H_2CO_3$ 반응식이 평형에 이를 때까지) 일어난다(물의 $O^{2\delta-}$와 탄소의 $C^{2\delta+}$ 사이의 결합). 따라서 공기 중에 탄산가스는 습기를 만나 탄산을 형성하고 물의 일반적 성질을 결정하는 요인을 제공하고 있다. 이 둘의 만남은 매우 인상적이다. 탄산을 만드는 과정에서 물은 염기의 역할을 하고 탄산가스는 산으로 작용한다. 탄산은 약한 산성을 띠는 물질로 공기 중의 탄산가스가 물에 녹아 형성된다. 따라서 대기 중의 수증기를 포함하여 물은 모두 이 탄산가스의 영향으로 탄산을 함유하고 있다.

물속에 녹아 있는 탄산은 약산이지만 물속의 금속 이온들과 결합하여 탄산염을 만들어 이들을 지표에서 바다로 운반해 가는 기능을 수행하고 있다. 알프스의 석회암 지역을 흐르는 강물은 지금도 뿌연 석회석을 녹여 운반하고 있는 것을 눈으로 관찰할 수도 있다. 이들이 강물이 발원하는 곳에서는 뿌연 석회모래를 운반해 오지만 제법 큰 강에 이르러서는 모두 녹아 맑고 깨끗한 강물이 된다. 그러나 그 속에는 고농도의 탄산염이 함유되어 있다. 이렇게 녹아 흐르는 것은 석회석뿐

만은 아니다. 바닷물 속에는 지표에 존재하는 원소의 대부분을 포함하고 있다. 그러나 대부분의 광물의 이온들은 순수한 물에는 매우 적게 녹는다. 그러나 탄산이 포함된 물에는 그보다 더 많이 녹아 있다. 따라서 탄산이 녹아 있는 천연수들은 지질학적으로 매우 중요한 역할을 하고 있다. 실제로 지각을 녹여내는 흐름은 물과 탄산이 공통으로 일구어내는 합동작전에 의하고 있다.

8.5

루이스의 전자

그럼 산과 염기란 무엇인가? 화학적으로 산이란 좁은 의미에서 물에 녹아 있는 수소 이온(H^+)을 말하고, 염기란 물에 녹아 있는 수산 이온(OH^-)을 낼 수 있는 물질을 말한다(Ahrrenius의 산 염기). 혹은 수소이온을 낼 수 있는 것은 산 그것을 받아들이는 것은 염기로도 정의한다(Brønsted의 산 염기). 그리고 전자쌍을 내는 물질은 염기이며 전자쌍을 받는 물질은 산이 되는, 매우 일반적이며 폭넓은 정의도 있다(Lewis의 산 염기설). 여러 가지 학설이 있지만 모두 전자의 이동으로 보면 루이스설에 모든 이론에 포함될 수 있다. 그래서 루이스의 산-염기 이론은 포괄적 의미를 가진다. 용액 중에 수소 이온과 수산 이온의 농도가 비슷하거나 같을 경우를 중성이라고 한다. 강산과 강염기는 물에 완전히 해리되는 수소 이온과 수산 이온을 말하고, 그렇지 못한 것을 약산과 약염기로 정의한다. 자연에는 약산과 약염기로 존재하는 화학종이 대부분이다. 온천수와 같은 특수한 경우는 물에 녹아 있는 금속성 이온 때문에 약알칼리성을 나타내는 경우가 일반적이다. 왜냐하면 물속에 녹아 있는 금속 이온은 물과 반응하여 약알칼리성을 만들기 때문이다. 물론 여기서 약산도 만들지만, 물에 대한 용해도가 현저하게 떨어지고 해리되는 정도가 작기 때문에 염기성을 나타낸다. 온천수나 탄산이 섞인 우물물을 제외하고는 대부분의 물은 물에 녹아 있는 탄산으로 인해 약산성을 나타내고 있다.

　탄산과 같은 약산은 물속에 녹아도 녹아 있는 탄산 분자 모두가 이온으로 해리되지 않는다. 이것은 탄산뿐 아니라 모든 약산성 물질이 가지는 특성이다. 그럼 약산과 강산의 구분은 어떻게 하는 것일까? 우선 강산은 그것이 물에 녹아 완전히 수소 이온과 그 파트너로 나누어지는 것을 말한다. 예를 들면 우리가 흔히 말하는 염산($HCl_{(g)}$)은 기체로 존재한다. 이 분자는 공유 결합성 물질로 물이 없는 경우는 분자 상태인 $HCl_{(g)}$로 존재한다. 그러나 여기에 물이 첨가되면 $H_{(aq)}^{+}$와 $Cl_{(aq)}^{-}$로 나누어져 이온 상태로 변한 다음 다시 원형 물질인 $HCl_{(g)}$로 돌아가지 못한다. 따라서 물속에 녹아 들어간 수소 이온은 모두 산으로 작용한다. 이런 형태의 산을 모두 강산이라고 한다. 예를 들면 할로겐이 포함된 염소산 브롬산, 요드산, 황산, 질산 등이 이에 속한다. 그럼 약산은 무엇인가? 약산은 물에 녹아 완전히 해리하지 않는 산을 의미한다. 그 대표적인 것이 우리가 식용으로 쓰는 식초를 비롯한 모든 과일 속에 들어 있는 신맛을 내는 유기산들이다. 이들은 정도에 따라 많은 수소 이온을 배출할 수도 있고 적게 배출할 수도 있다. 이것을 가늠하는 것이 산도라 한다. 예를 들면 식초는

CH_3COOH라는 분자식으로 존재한다. 이것이 물을 만나면 CH_3COOH $\rightleftharpoons H_{(aq)}^+ + CH_3COO_{(aq)}^-$로 전환되는데 그 양은 1만 개의 분자가 있을 경우 1개의 분자만이 수소 이온을 만들 수 있다. 따라서 수소 이온이 행하는 산도는 강산에 비해 그 강도가 떨어질 수밖에 없다. 루이스는 산-염기를 가장 단순하게 정의할 방법을 제시하였으며 모든 것을 전자의 이동으로 표현하는 가장 일반적인 방법을 택했다.

8.6

생명현상에 참여한 탄소

지구에서 살아가는 모든 생명체는 모두 탄소가 이루어 놓은 골격 위에서 생명을 이어가고 있다. 이 생명현상에 참여한 탄소는 모두 탄산가스로부터 왔다. 그 절대적 증거로 생명체가 생기기 전 지구의 산소는 반응성이 커 다른 원소와 결합하여 산화물들을 만들었다. 지각을 구성하는 바위도 무기원소들의 산화물이며 물도 수소의 산화물이며 탄소도 산소와 반응하여 탄산가스를 만들었다. 탄산가스는 다시 수증기를 만나 탄산을 형성하였다. 탄산은 강력한 태양과 적당한 온도에서 물과 엽록체의 도움으로 탄소 원자들로 이루어진 긴 사슬을 만들었다. 여기에 수소 원자가 첨가되면서 분자들의 성장과 기능이 완성되었다. 이러한 모든 작용은 물의 분해에서 수소를 활용한 것으로 과거에는 없던 새로운 에너지에 의해서 형성되었다.

"생명은 과거에 없던 불안정한 과정과 불균형이 환경을 지배하던 시대에 탄생하여 처음부터 자극에 민감한 반응을 나타내고 있었다. 생명은 근원적으로 자신을 유지하기 위하여 부단히 노력하며 외부와 내부에 도사리고 있는 죽음에 항거하며 불안한 전진을 계속하고 있다. 우리가 대사라고 하는 경주에서 유기 물질을 형성하는 과정은 유기 물질이 분해되는 과정보다 약간 앞서 있을 뿐이다. 마침내는 분해 작용이 이 경주에서 승리하는 것으로 보이기 때문에 절망하는 사람이 있다면 이것 없이는 경주가 성립되지 않았음을 기억하는 것이 좋을 것이다."라고 K.S. 데이비스는 그의 저서 『물-과학의 거울』에서 이야기하고 있다.

물이 캐번디시에 의해서 원소가 아니고 화합물이라는 사실이 밝혀지기 전까지만 해도 지금 우리가 알고 있는 그런 수소와 산소라는 두 가지의 원소들로 구성된 화합물은 적어도 아니었다. 우주의 진화 과정에서 생겨난 물이 언제, 어떻게 지구에 왔는지는 아무도 모른다. 그러나 물은 현대를 살아가는 우리에게 없어서는 안 되는 소재다. 그래서 물은 국가가 다스려야 할 근본으로 여겨지던 시대도 있었다.

8.7

블루머니

　물은 김선달이 살던 시대에는 해학의 대상이 되기도 했다. 하지만 현재 우리에겐 자동차를 생산하는 것보다 더 큰 규모의 산업으로 다가와 있다. 국내 물 관련 기업의 첨단 기술은 매년 5% 이상의 성장세를 보이고 있다. 우리의 기업들이 세계 물 시장 진출을 위한 발판으로 삼을 수 있는 물 산업은 특정한 목적시설만을 만드는 건설사업과 달리 설계에서부터 건설, 운영, 그리고 유지·관리까지 연속되는 사업이 대부분이라 파급 효과가 매우 크다고 할 수 있다. 우리나라는 댐을 이용한 취수와 정수 처리와 같은 수자원에 관련된 기술에서 상당한 경쟁력을 갖추고 있다. 특히 우리나라의 치수 정책은 훌륭한 모델로서 개발도상국에는 매력적인 벤치마킹 대상이 되기도 한다. 물 산업을 발전시켜야 한다. 거기에는 먹는 물을 포함하는 상하수도 시설과 하천과 강의 개발도 포함되어 있다.

인간의 문명은 강가에서 시작되었다. 인간이 수렵채집 생활을 한 시대에도 물은 생존을 위한 근간이었다. 하지만 물은 인간의 생존을 담보하기도 하고 위협하기도 했다. 그렇기에 물은 관리되어야 한다. 국제 기준에 따르면 사람이 인간으로서 품위를 지키며 생명을 유지하기 위해 필요한 물의 최소량이 하루 15ℓ라고 한다. 아프리카의 극심한 물 부족 국가에선 현재 공급되는 물의 양이 1인당 5ℓ 미만인 곳도 많다고 한다. 이것은 국제 기준의 1/3에도 미치지 못할 뿐 아니라 현재도 아프리카에서는 15초당 한 명씩 사람이 물 때문에 목숨을 잃고 있다는 보고는 어렵지 않게 접할 수 있다. 그렇다면 우리나라 사람들의 하루 물 소비량은 얼마나 될까. 환경부 발표에 따르면 2015년 기준 1인당 하루 평균 수돗물 소비량이 무려 284ℓ라고 한다. 이 물의 양은 아프리카의 한 가족이 하루 종일 먹고 마시고 씻는 물보다도 많은 셈이다. '물은 모든 생명의 삶에 있어 반드시 필요한 자원이다.' 신비하고 한정적이며 잘 보존해야 할 귀중한 자원, 이것이 물이다. '물을 물 쓰듯 한다.'는 시대는 지났다.

참고문헌

^

- 루크레티우스, 『사물의 본성에 관하여』, 강대진 옮김, 아카넷, 2020

- 존 S. 리그던, 『수소로 읽는 현대과학사』, 박병철 옮김, 알마, 2007

- 폴 데이비스, 『생명의 기원』, 고문주 옮김, 북스힐, 2000

- 옌스 스 죈트겐 & 아르민 렐러, 『이산화탄소』, 유영미 옮김, 자연과 생태, 2015

- 프리모 레비, 『주기율표』, 이현경 옮김, 돌베개, 2018

- K. S. 데이비스 & J. A. 데이, 『물』, 소현수 옮김, 전파과학사, 2017

- L.E.오글, 『생명의 기원』, 소현수 옮김, 전파과학사, 2018

- 안드리 스나이르 마그나손, 『시간과 물에 대하여』, 노승영 옮김, 북하우스, 2021

- 대한화학회교재연구회, 『최신 일반화학』, 동화기술, 2019

- Atkiins & TINA OVERTON & JONATHAN ROURKE & MARK WELLER & FRASER ARMSTRONG, 『무기화학』, 강성권 & 김주창 & 박영태 옮김, 교보문고, 2011

- Christoph Elschenbroich, 『Organometallics』, Wiley-VCH, 2005

- James E. Huheey & Ellen A. Keiter & Richard L. Keiter, 『Inorganic Chemistry』, Pearson College Div; Subsequent edition, 1993

- Holleman & Wiberg, 『Lehrbuch der anorganischen Chemie(102. Auflage)』, (De Gruyter, 2007)

- Naver 지식백과 (2022)